じつは身近なホタルのはなし

遊磨正秀

緑書房

口絵

うつくしきホタルの世界

口絵１　川面を舞うゲンジボタル

口絵２　山里で乱舞するゲンジボタル

口絵３　ゲンジボタルの成虫

口絵４　ゲンジボタルの成虫の発光

口絵５　夏の風物詩、森の夜空とヘイケボタルの光跡

口絵６　ヘイケボタルの成虫

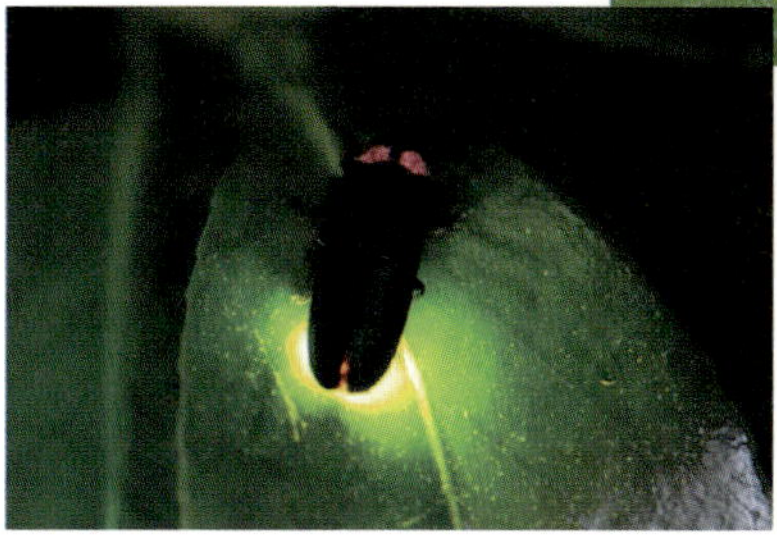

口絵７　ヘイケボタルの成虫の発光

口絵８　森に舞うヒメボタル

口絵９　葉の上で光るヒメボタル

口絵：1 Cru、2 TOMI、3 rishiya、4 Flatpit、5 teruaki、6 写遊、7 ZENSHI、8 BlackRabbit3、
9 ひろし58／すべてPIXTA（ピクスタ）

はじめに

　このごろ、身近な場所に生き物の姿が少なくなったように感じます。それでも、滋賀県の我が家の小さな庭には、カタバミ類が生い茂っていて可憐なヤマトシジミが舞っています。モンシロチョウやナミアゲハ、キタテハなどの蝶もやってきますし、ヤナギにはコムラサキも住みついています。また、ちょっとした草木の実を求めてスズメやヒヨドリ、メジロ、ジョウビタキなどの小鳥も訪れてきますすし、キジバトも巣材の枯れ枝を探しにやってきます。少し緑があるだけでこのような生き物と季節のにぎわいを楽しむことができるのです。みなさんの中には、シイなどが優勢な関西の低山やブナ林が拡がる高山などにいろいろな生き物がいると思っておられる人がいることでしょう。ですが本当は、適度に人手が加わった里山や草原に多様な生き物がいるのです。

　この本で扱ったのは、主にゲンジボタルという一つの種の昆虫です。この昆虫が住むのは川ですが、そこは護岸整備されていたり堰があったりと人手が加わっていますし、田んぼの周りの流れはたいてい人がつくった水路です。さらに、ゲンジボタルはきれいな水辺に住むと思われがちですが、実は少し汚れたくらいの水辺の方が多いのです。そう、適度に人手が加わった環境にも住める、あるいはその方が住みやすい生き物は多いのです。その代表とも言えるゲンジボタルは、人里に近いところに多くいたことから、身近な季節の風物詩として親しまれてきたのでしょう。

　しかしながら、水辺の道路沿いや橋の脇には街灯が並び、周囲は夜も懐中電灯がいらないほど明るくなっていきます。これでは暗い場所が好きな夜の生き物たちはさぞ迷惑していることでしょう。この本では夜に活動するホタルを扱い、私がこれまで調査を行ってきた京都市の清滝川や銀閣寺疏水、そして琵琶湖の周辺のホタルが登場します。研究を通してそれぞれの場所から多くの学びを得ることができました。清滝川では、ゲンジボタルという種が生活するために、川の内外に実にさまざまな環境要素が必要であることを実感しました。銀閣寺疏水では、人家のごく近くの人工水路のホタルに触れ、またホタルを見物に来る人々に出会い、ホタルが住む川と人との関わりに興味をもつようになりました。琵琶湖の周りでは、人が手を加え、あるいは新しくつくり維持してきた水系にホタルが住み、人の暮らしの周りにいたからこそ、ホタルは人の心に残る生き物であることを実感しました。人は今も川に手を加え続けています。そんな川辺でホタルが減ったところも増えたところもあります。そのような場所で「人－水－生き物」にはどんな関係があるのでしょうか。そのことを人とホタルの目から探ってみましょう。

私が以前に執筆したホタルに関する書籍の『ホタルの水、人の水』と『ホタルとサケ　とりもどす自然のシンボル』（どちらも絶版）で紹介した研究やデータも用い、新たなデータを加えてこの本を書き上げました。刊行にあたっては、遅々として進まない私の作業を粘り強く見守ってくださった緑書房の石井秀昌氏に厚くお礼申し上げます。また、半世紀以上にわたる清滝川でのゲンジボタルの調査を見守り続けてくださった京都市清滝町の西野伸氏が令和６年６月に急逝されました。末筆ながら、西野氏に感謝を申し上げますとともに本書を捧げます。

目次

第1章・ホタルは季節の風物詩

第2章・ホタルの暮らしぶり――成長

第3章・ホタルが住むのは、どんなところ？

第4章・ホタルを数えてみよう

第5章・ホタルと人の共存に向けて

コラム

第1章

ホタルは季節の風物詩

ホタルを見に行くとき、どうして水辺へ出かけるの？——幼虫が水生だから

初夏の夜、ホタルの光の舞いを求めて、みなさんはどういうところへ出かけるでしょうか？　きっと小川などの水辺の近くへ出かけようと思うはずです。それは、ゲンジボタルやヘイケボタルの成虫が水辺付近にいるからです。

では、これらのホタルの成虫は水辺から離れたところにはいないのでしょうか？　実は成虫の暮らしには川や池といった水域は特に必要ありません。ですが、これらのホタルの幼虫は川や池といった水域で生活しています。そして、それらの幼虫はサナギになるときに水域から出て近くの土中に潜り込みます。また、卵を産みつける場所は、生まれたての幼虫のために水域のごく近くです。しかも成虫の短い寿命の間にたくさん卵を産まないといけないので、成虫も水辺から離れられないのです。

この本では、そのようなホタル、特にゲンジボタルの暮らしぶりについて詳しく紹介していきたいと思います。ゲンジボタルに焦点を当てるのは、私がこの種をずっと調べてきたからです。

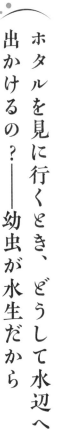

家の周りにホタルがいるかもしれません

ホタル、それは光る虫です。ホタルはどんな光り方をするの？　どんな飛び方をするの？　どのくらい生きるの？　何を食べているの？　どんなところに住んでいるの？　という疑問がわいたなら、できればまず、家の近所の水辺を見に行ってください。ひょっとすると、「やっと見つけてくれたのね」とささやいてくれるホタルに出会うことができるかもしれません。たとえホタルに会えなくても、ともかくそこの水辺の風景をじっくりと眺めてみてください。いないと思い込まずに、草木の茂る暗がりが続く水辺があれば、案外にホタルはいるかもしれません。

水、それは地球上で命あるものにとって欠くことのできないものです。人も水を飲み、水を使って料理し、あるいは洗い、そして不用なものを流します。私たちの生活のすぐ近くには水があります。かつては家の周りの井戸、水路が生活の支えでしたが、今は水道があり、蛇口をひねれば水が出ます。そして、その水は排水口から下水管へ流れて行くのが当たり前となりました。洗いものに使わなくなった小さな水路は蓋をされ、暗渠《あんきょ》になり、その存在すら忘れられがちとなっているところもあります。そんな今、身近なところにある水辺はどのような状態になっているのでしょうか？　そして水辺の生き物たちはどうしているのでしょうか？　その状態を水辺の生き物の一員であるホタルに語ってもらいましょう。

身近な水辺の状態をホタルを通して調べてみようと、滋賀県では１９８９年より10年ほどホタルの生息調査を行っていました。気象観測システム（Automated Meteorological Data Acquisition System）のアメダスにちなんで「ホタルダス」と名づけたこの調査は、実はホタルの生息状況を調べることが真の目的ではありませんでした。これは、身の周りの水環境のありのままの姿を、その歴史・文化まで含めて見つめ直すために始められたものでした。滋賀県では琵琶湖の汚濁などが今でも社会的な問題となっており、その周りに住んでいる人々の水環境への関心も高い地域です。

「昔はこの水路の水を飲んでいた」「泳いでいた」「洗濯していた」と高齢の方々は口をそろえて言います。今はそんなことはしない、いやできないとも言います。水あるいは水辺のどこがどう変わったのでしょうか？　それを探るためにはどうしたらよいのでしょうか？　「よし、ホタルでいこう」と決めた後も、ホタルダスの当時の活動母体「水と文化研究会」のメンバーは、ホタルでよいのか、なぜホタルなのかという議論を繰り返していました。ホタルを通してなら水環境を体感できる、ホタルを通してならかつての水環境が思い出される、ホタルを通してなら水環境について語り合える、と考えて始めたものの、自信はありませんでした。

　実際の踏査では、発見したという報告から始まり、ホタルが多くいることや民家の近くにもいたというさまざまな反応がみられました。調査が進むと、ホタルに興味をもつようになったという意見もいただきました。また、ホタルの思い出とともにいろいろな時代の水辺像が浮かび、親子、三世代、友人との会話もはずみました（**図1-1**）。

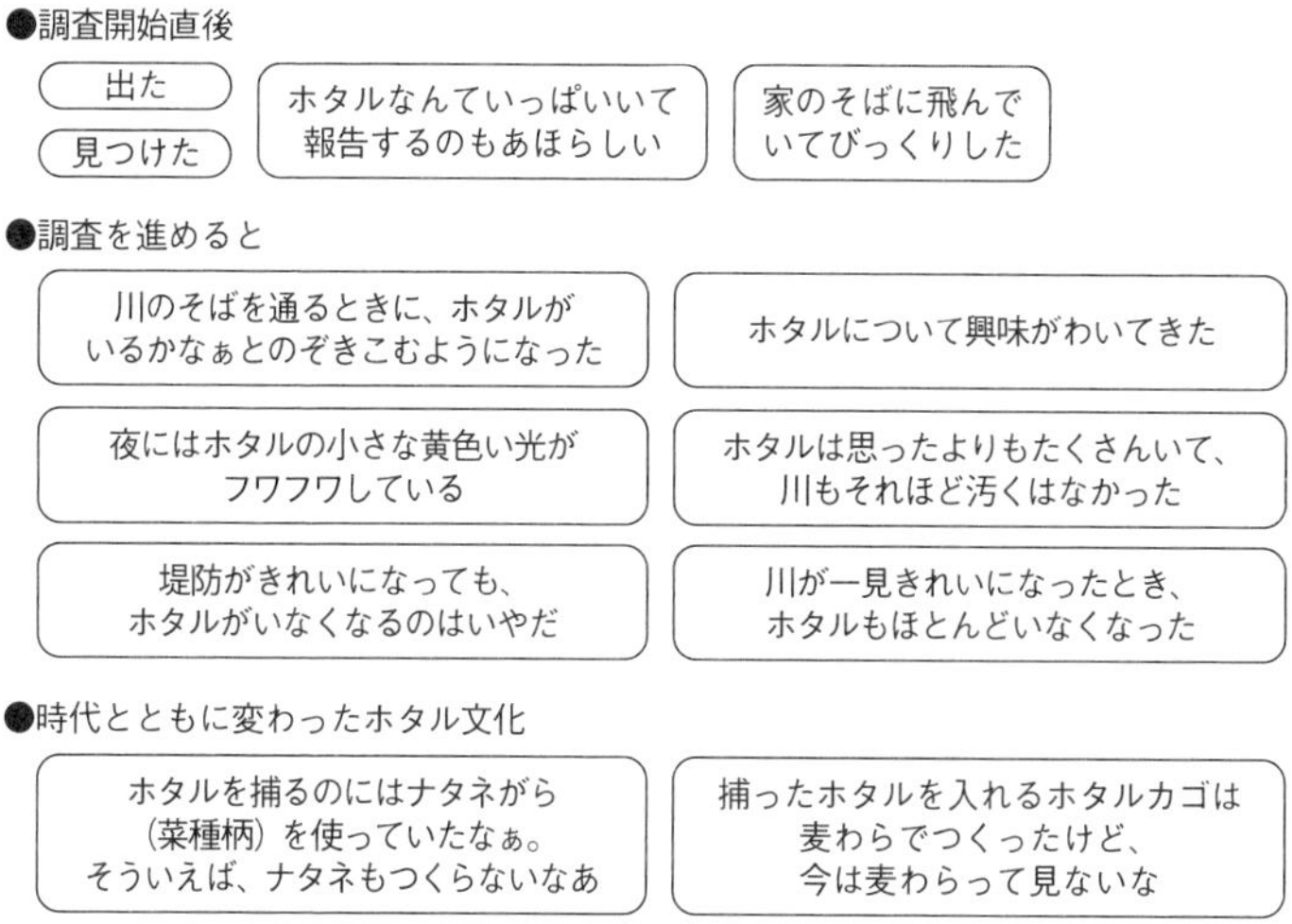

●調査開始直後
出た
見つけた
ホタルなんていっぱいいて報告するのもあほらしい
家のそばに飛んでいてびっくりした
●調査を進めると
川のそばを通るときに、ホタルがいるかなぁとのぞきこむようになった
ホタルについて興味がわいてきた
夜にはホタルの小さな黄色い光がフワフワしている
ホタルは思ったよりもたくさんいて、川もそれほど汚くはなかった
堤防がきれいになっても、ホタルがいなくなるのはいやだ
川が一見きれいになったとき、ホタルもほとんどいなくなった
●時代とともに変わったホタル文化
ホタルを捕るのにはナタネがら（菜種柄）を使っていたなぁ。そういえば、ナタネもつくらないなあ
捕ったホタルを入れるホタルカゴは麦わらでつくったけど、今は麦わらって見ないな

図1-1　ホタルの調査でのさまざまな声

水生ホタルは変わり者？
——ほとんどのホタルの幼虫は陸生

日本ではホタルというと、ゲンジボタルやヘイケボタルがよく知られています（図1-2）。それは、彼らの成虫がよく光るからでしょう。ゲンジボタルは北は青森県から南は鹿児島県まで、世界で日本だけにいるホタルです。成川や水路など流れのある水域に生息しています。成虫の体長は15㎜前後で、メスの方が少し大きく、翅《はね》や頭は真っ黒ですが、朱色の前胸部の中央に十字架形の黒い模様があるのが特徴です。一方、ヘイケボタルは北海道から九州、さらに千島列島やシベリア東部にも生息しています。湿地や田んぼなど、流れの乏しい水域に住んでいます。ゲンジボタルより小さく、体長は大きくても10㎜ほど。朱色の前胸部の中央に太い縦の黒帯があるのが特徴です。

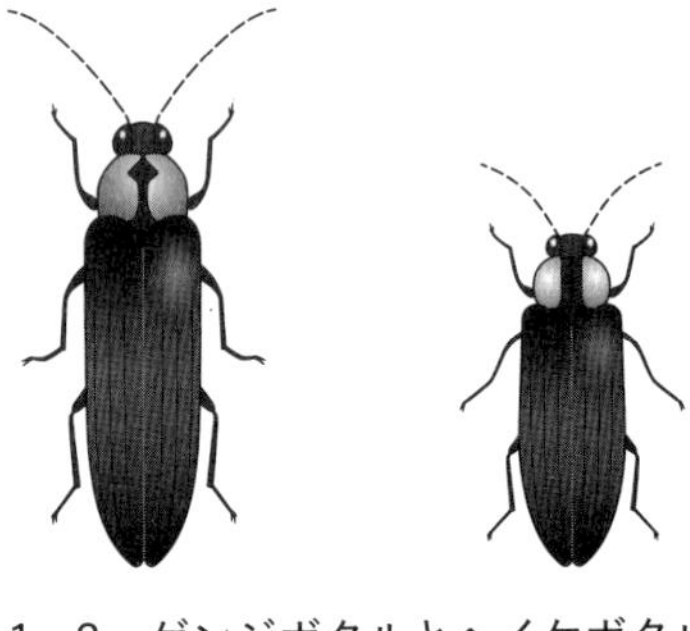

図1-2　ゲンジボタルとヘイケボタル
左：ゲンジボタル（メス）、右：ヘイケボタル（メス）。
引用文献5より作図

また、よく光るホタルとしてはヒメボタルという種類もいます（**図1-3**）。さらに、沖縄県久米島だけに住むクメジマボタルという、ゲンジボタルに似た種類もいます。

実は、日本にはホタルの仲間（ホタル科という分類群に属する昆虫の仲間）は50種類ほどいます（**表1-1**）。そんなにたくさんいるのになぜ知られていないのでしょうか。それは、オバボタルやクロマドボタル（**図1-4**）など、成虫がほとんど光らないホタルがたくさんいるからです。これらの種類の成虫は昼間に活動するので、光を失ってしまったようです。そしてこれらの種類の幼虫は陸上で暮らしていて、水辺を必要としないのです。ところが、これら成虫が光らない仲間の幼虫もすべてが光るのです。幼虫が光るのに、成虫が光らないのは不思議で

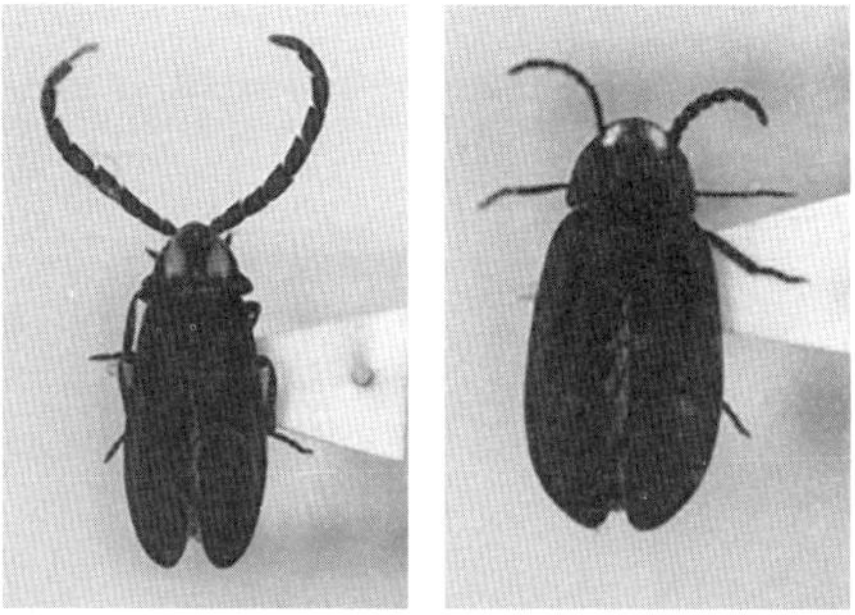

図1-4　オバボタル（オス、左）とクロマドボタル（オス、右）の成虫

左：和歌山県護摩壇山、右：京都市清滝。

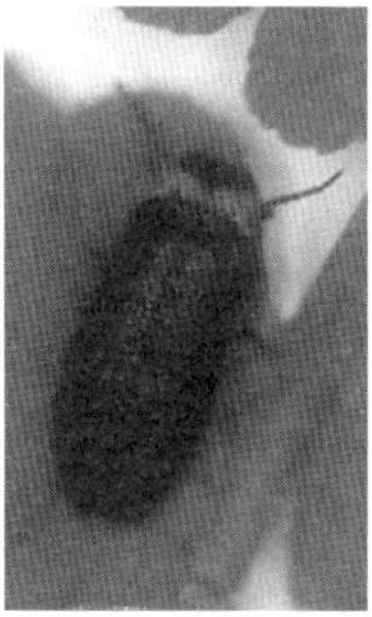

図1-3　ヒメボタル

オス（成虫、2024年7月7日、滋賀県高島市朽木）。

すね。なお、先に紹介したヒメボタルも幼虫は陸上で暮らしていますので、その成虫も幼虫も林の中で光っています。

一方、世界には2200種類以上のホタルがいます。これらの世界のホタルの場合も、ほとんどの種類のホタルの幼虫は陸上で生活しています。つまり、日本でも世界でも、ゲンジボタルやヘイケボタルのように幼虫が水生のものは、ホタルとしてはむしろ異端児なのです。

ちなみに、夜行性で光を放つ種類では、一般に大きな目（複眼）

<table>
<tr><th rowspan="2">種名</th><th rowspan="2">学名</th><th rowspan="2">分布</th><th colspan="2">成虫</th><th colspan="2">幼虫</th></tr>
<tr><th>行動</th><th>発光</th><th>生活</th><th>餌</th></tr>
<tr><td>ゲンジボタル</td><td>Nipponoluciola cruciata</td><td>本州、四国、九州</td><td rowspan="6">夜行性</td><td rowspan="4">強く点滅</td><td rowspan="3">水中</td><td rowspan="10">巻貝など</td></tr>
<tr><td>クメジマボタル</td><td>Nipponoluciola owadai</td><td>久米島（沖縄県）</td></tr>
<tr><td>ヘイケボタル</td><td>Aquatica lateralis</td><td>北海道〜九州、東シベリア、朝鮮半島、中国東北部</td></tr>
<tr><td>ヒメボタル</td><td>Luciola (Hotaria) parvula</td><td>本州、四国、九州</td><td rowspan="7">陸上</td></tr>
<tr><td>アキマドボタル</td><td>Pyrocoelia rufa</td><td>対馬（長崎県）</td><td rowspan="2">連続光</td></tr>
<tr><td>ヤエヤマママドボタル</td><td>Pyrocoelia atripennis</td><td>八重山諸島（石垣島、西表島など）</td></tr>
<tr><td>クロマドボタル</td><td>Pyrocoelia fumosa</td><td>本州（近畿以東）</td><td rowspan="4">昼行性</td><td rowspan="4">弱い連続光</td></tr>
<tr><td>オオマドボタル</td><td>Pyrocoelia disciolis</td><td>本州（近畿以西）、四国、九州</td></tr>
<tr><td>ムネクリイロボタル</td><td>Cyphonocerus ruficollis</td><td>本州、四国、九州</td></tr>
<tr><td>オバボタル</td><td>Lucidina biplagiata</td><td>北海道〜九州、対馬、屋久島、樺太、千島列島、朝鮮半島</td></tr>
</table>

表1-1　日本の代表的なホタルとその生活様式

をもっており、頭についている触角は小さいのが特徴です。一方で、昼間に活動するホタルの仲間の目は小さく、その代わりに特にオスは発達した触角をもっているものが多いのです。この発達した触角はにおいを感知するのに役立てられているようです。

田んぼに多かったヘイケボタル、山肌を黄金色にするヒメボタル

ゲンジボタルとともに名前がよく知られているものとしてヘイケボタルがいますが、この2種のホタルにどうして「ゲンジ」「ヘイケ」の名がつけられたのでしょうか。江戸時代にはすでにその名が用いられていたとされていますが、「ゲンジ」は平安時代の文学「源氏物語」の主人公光源氏からつけられ、「ヘイケ」はゲンジボタルに比べ光が弱く小型であることから源氏に滅ぼされた平家（平氏）にちなんでつけられたという説をはじめとして諸説があり、残念ながら定説はありません。

ヘイケボタルの幼虫も水生ですが、流れのある川ではなく、むしろ田んぼやその周辺の流れの緩やかな水路に生息しています。田んぼや水路は人がつくったもので、それがない

時代にはどういう場所に住んでいたのでしょうか。おそらく、釧路湿原のような川の周辺にあった湿地などに住んでいたと考えられますが、今はそういう場所はほとんどが都市や農地に開発されてしまい、残念ながら実際のところはわかりません。さらに、かつては田んぼや水路にとてもたくさんいたヘイケボタルですが、今はその姿を見かけることは少なくなりました。それは、米の生産性を高めるために行われた圃場《ほじょう》整備（田や水路の整備）の影響だと考えられます。人がつくった田んぼで栄華を極めたかに思えたヘイケボタルですが、人が改造すると住めなくなったというのは、なんとも因果な話ですね。ちなみに、川沿いに広く生息できるゲンジボタルよりも、ヘイケボタルの生息状況の方が危機的な状況だと言えます。

そのヘイケボタルの暮らしはよくわかっていないことも多く、前述したように本来の生息環境すらわかっていません。春に田んぼに水が張られると、どこからともなくヘイケボタルの幼虫は現れます。田んぼにはカワニナ（第2章参照）が少ないので、幼虫が何を食べているかは謎ですし、水がない冬の田んぼで幼虫はどのようにして越冬しているかわかりません。また、成虫の発生期が5～8月ごろとゲンジボタルに比べて長く、成虫の活動時間が日没後1時間ほどと短いのです。さらに、ゲンジボタルと違い、飛翔中の成虫は光り続けません。加えて、メスの成虫の産卵場所ははっきりとしていません。このように、ヘイケボタルも未知のことが多いのです。

もう一種、本州、四国、九州でよく光るホタルとして知られているのがヒメボタルです。体長7㎜ほどとヘイケボタルよりさらに小さく、主に東日本に生息する大型のものと、主に西日本から九州に生息する小型のものの二型が存在することが知られています。

ヒメボタルの小さな体から発する光は強く、パッパッパッ・・と短く、しかしはっきりと光ります。幼虫が陸生なので、山の中でも生息しており、川辺にはゲンジボタルが、振り向けば山肌にヒメボタルが、という不思議な景色に出会うこともあります。杉林や雑木林などの樹林だけでなく、竹林や河原でも生息しています。

さらに、ゲンジボタルやヘイケボタルとの大きな違いは、メスの成虫の後翅《こうし》が退化していて飛べないということです。メスの成虫は這い歩くことしかできず、遠くへ移動することができません。そのようなか弱いメスの成虫の光を、オスの成虫は飛びながら一生懸命に探してまわります。これは重要な問題で、メスの移動能力が小さいので分布を広げることができず、反対にどこかの集団が絶滅してしまうと、周辺からまた新たな個体（メス）が入り込んでくる可能性が大変低いことを示しています。つまり、いったんある地域の集団が絶滅してしまうと、回復はほぼ望めないのです。ヒメボタルの場合、道路や宅地などで生息地が分断されているように思える場所が少なくないので、将来が心配です。

一方、ヒメボタルの幼虫は陸生で、落ち葉の下や土の表層に潜って生活しており、地表に出てくることはほとんどないようです。幼虫は光を放ちますが、小さいうえに、見えにくいところにいるので、その暮らしぶりは、海外にいる多くの陸生ホタルの幼虫と同様に、よくわかっていません。これまでの情報では、ヒメボタルの幼虫はオカチョウジガイやベッコウマイマイといった小さなカタツムリ類を食べる一方、ミミズ類やワラジムシ類などの土壌動物の死骸《しがい》も餌資源として利用しているようで、1~2年でサナギになるようです。最近は地中にプラスチックケースを埋め込んだ幼虫用のトラップも使われていて、生イカや冷凍イカ、タニシの切り身などの餌に幼虫が誘引されるようです。その結果によると、幼虫は土壌水分量が高いと活動が盛んになり、地温が高く、植物が生い茂った場所に多いようです。いずれにしても、幼虫の分布は集中している傾向がみられ、やはりこの種の保全には細心の注意が必要なようです。

コラム 1-1

外来のホタル：ホタルの外来種、国内移入種

ほかの地域から持ち込まれたさまざまな種類の生物が外来種として日本に生息していますが、ホタルにも外来種がいます。北米原産のノハラボタル *Pyropyga alticola* が1990年ごろから関東地方の河原などの草原で定着しています。このホタルは昼間に見られ、成虫はほとんど光りませんが、幼虫は光ります。ただ現時点では、この外来ホタルが生態系へどのような影響を与えているのかははっきりしていません。

一方、外国ではなく国内にいたものが、もともとはいなかった地域に侵入・定着しているもの（国内外来種）もいます。例えば、ヤエヤマママドボタル（オオシママドボタル、**図1-5**）です。もとは八重山諸島に生息していましたが、2003年ごろから沖縄島への侵入が確認され、その後、生息範囲が広がり、すでに沖縄島南部では広く生息しているようです。この種は

図1-5　ヤエヤマママドボタル（オオシママドボタル）の幼虫
沖縄県石垣島川平。

大型で、成虫はオスで２㎝ほど、メスは４㎝にもなります。ただし、メスの成虫は翅が退化していて、幼虫のような形態で飛ぶことができません。森林や墓地など林縁に多く見られ、耕作地や公園、人家にも生息しています。成虫・幼虫ともに明るく発光しますが、メスの発光は弱く、メスはフェロモン（におい物質）でオスを誘います。問題はその幼虫で、終齢幼虫はきわめて大きく、体長はオスで約３㎝、メスは６㎝を超えます。幼虫は夜間に地上を歩き回り、樹木にも登り、多種の陸産貝類（カタツムリ類）を捕食し、深刻な影響を与えているようです。また、近縁のオキナワマドボタルと餌や生息地をめぐって競合し、排除してしまう可能性もあります。このため、沖縄県ではこの種を重点対策種・指定外来種に指定し、県内において野外に放つことを禁止し、また飼養する際には届出を必要としています。ヒメボタルと同じようにメスは飛ぶことができませんが、この種は分布をどんどん広げています。幼虫も体が大きく活動的だからかもしれませんが、不思議なことです。

ところで、おなじみのゲンジボタルも国内外来種となっている場合があるのをご存じでしょうか。かつて、川の汚濁が進み、またさまざまな農薬が使われた影響も加わって、ゲンジボタルをはじめとする各地の多くの水生生物は激減あるいは絶滅しました。その後、環境改善が進むなか、その優美さからゲンジボタルの復活を試みる活動が各地で行われてきました。その活動のなかで、多くのゲンジボタルが各地に無秩序に放たれたのです。今ではむやみな放飼は許されませんが、当時は地域集団の固有性などの科学的知識がまだ確立していなかったので、いたしかたないという事情もありました。そして、ついには本来生息していなかった北海道（ゲンジボタルの自然分布の北限は青森県）にまで放たれ、定着してしまったのです。この国内外来種の定着による生態系への影響は、現段階では知られていません。

実は類似した事例が長野県で知られています。上高地では、本来生息していないはずのゲンジボタルが2010年に発生し、地元の観光資源となっていると報じられました。上高地は中部山岳国立公園の特別保護地区に指定され、動植物などの持ち出し・持ち込みは自然公園法で禁止されているため、環境省は上高地のゲンジボタルを駆除する方針を打ち出しました。これらの事例のように、本来生息していなかった地域にゲンジボタルを新たに人為的に導入することは、生物多様性の観点からはむろんのこと、生きもの文化の観点も含め、よいことかどうか大いに問題にすべきことです。加えて、他所の集団のものを導入することは、その地域のもともとの集団の遺伝的固有性などに影響を及ぼすことを、しっかりと頭に入れておく必要があります。

なんのために光るの？
——種によって違うオスとメスの連絡手段

ホタルの成虫の光の役割については、まだわからないことがたくさんありますが、はっきりしていることはあります、それは、成虫同士が光で交信していることです。人も夜に光信号で連絡をとるのと同じですね。

その一つとして、オスとメスの間の交信が挙げられます。通常、オスは飛びながら光り、メスを探します。メスは気に入ったオスの光を見ると、光を放って返事をします。その光の返事を見つけると、オスはメスのそばに寄っていき、その後、複雑な光の応答を繰り返して、交尾にいたります。つまり、光は種の存続のための重要な手段となっているのです。

ところで、日本の水辺に住むゲンジボタルとヘイケボタルでは光り方がかなり異なります。ゲンジボタルのオスは2〜4秒に1回光りますが、ヘイケボタルのオスはもっと発光速度が速くて、1秒に2回ほど光ります。ちなみに、ゲンジボタルでは関東などに生息しているオスは4秒に1回とゆっくりと光りますが、西日本に生息しているオスは2秒に1回と、東日本のものに比べるとせっかちに光ります（**図1-6**）。また最近、九州では1秒に1回と、もっとせっかちに光るものも見つかっています。いずれ

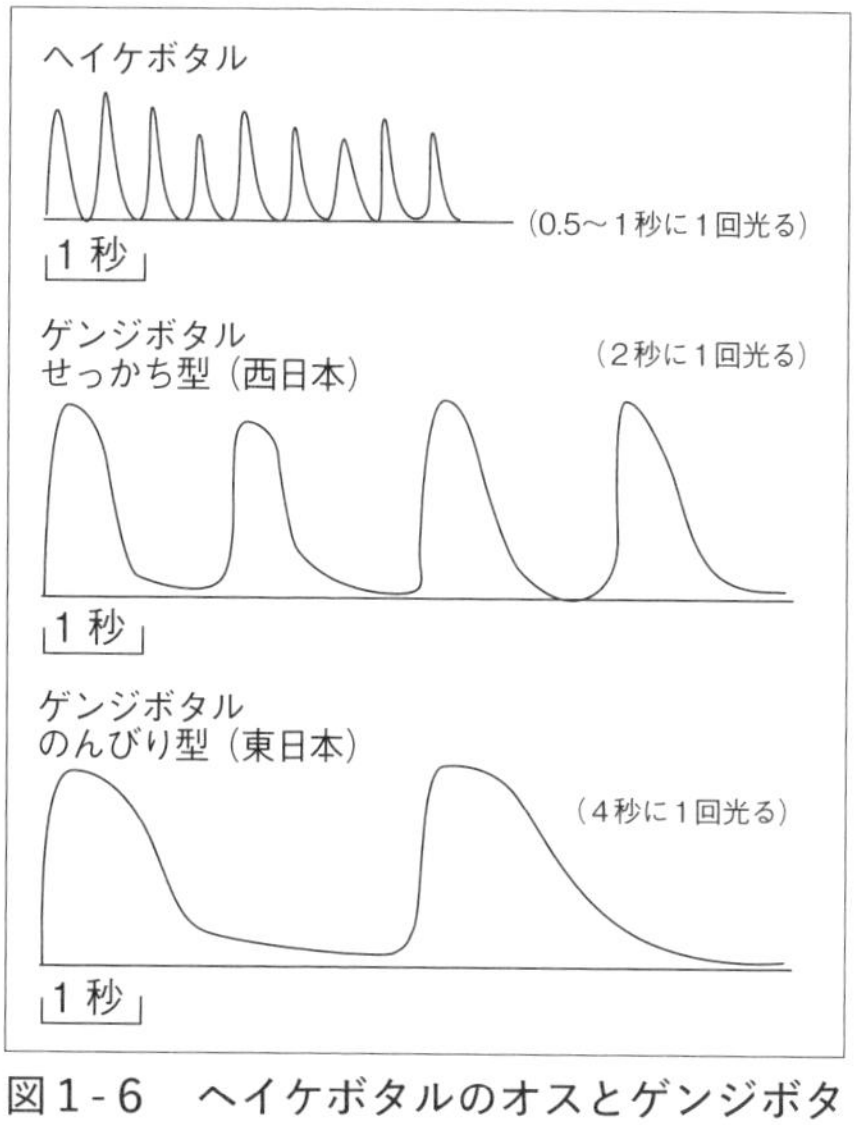

図1-6　ヘイケボタルのオスとゲンジボタルのオスの発光パターン

引用文献2より作図

にしても光り方の違いから、ゲンジボタルとヘイケボタルの2種が同時に光っていても、それぞれの種の相手を見間違うことはないのです。

ところで先に、ホタルの仲間には成虫が光らない種類もいると言いましたが、それらの種類も含めて幼虫はすべての種類が光ります。なぜ幼虫は光を発するのでしょうか？　これは今でも謎となっていて、捕食者などを驚かすため、光を急に消して姿をくらます、成虫のメスが幼虫の光の多さを見極めて産卵するのではないかという報告までありますが、どれも確証が乏しく、定説がないのが現状です。

コラム 1-2

発光パターンで種の識別（北米の例）

北米の草原や林縁には、たくさんの種類の陸生ホタルが生息しています。そこにいるホタルのオスは、**図1-7**に示したように、種ごとにかなり異なった光り方をしていて、やはりメスにとって種の識別に重要な役割を担っているようです。

図1-7　*Photuris* 属の９種のオスの発光パターン

どれも自分の種のメスに独自のパターンで信号を送っている。①*P. consimilis*、②*P. brimleyi*、③*P. consimilis*の近縁種。①と③は発光パターンの違いから別種であることがわかる。④*P. collustrans*、⑤*P. marginellus*、⑥*P. consanguineus*、⑦*P. ignitus*、⑧*P. pyralis*、⑨*P. granulatus*。

引用文献15より作図

図１-８　*Photuris* 属のメスがほかの種のオスを捕食する様子

引用文献19より作図

コラム 1-3

死の妖精

北米のホタルでは、大型の*Photuris*属のホタルのメスが小型の*Photinus*属のホタルのオスを食べることが知られています。*Photuris*属のメスは、対象の*Photinus*属のオスが光ってメスを探していると、その種類のメス独特の光の返事をします。その光の返事を見つけたオスが、自分と同じ種類のメスだと思って近づくと、パクっと捕らえてしまうのです（**図1-8**）。しかも、*Photuris*属のメスは地域によって、そこにいる*Photuris*属のメスの光の真似をします。実に巧妙な手口を使っていますね。ちなみに、自分の種類のオスは誘っても食べません。それにしても、なんと精密な光信号の技であることか、感心するばかりです。

どうやって光るの？
――いまだ謎に包まれている発光のしくみ

ゲンジボタルやヘイケボタルなど、ホタルの仲間はどのようにして光をつくっているのでしょうか？　これらの種の成虫で光るのは、腹部の腹面の末端付近の節です。昆虫の体は節に分かれていて、3対の脚があるのは胸部（前胸、中胸、後胸といいます）です。それに続く腹部は、ホタルの仲間では8節で構成されていて全体は黒色ですが、ゲンジボタルやヘイケボタルのオスでは第5節と第6節（節の名前は胸の方から数えます）、メスでは第5節が、黄色く見える発光器で覆われています（**図1-9**）。ただ、第7節や第8節はほかの節に比べて小さいので、光っている成虫ではお尻が光っているように見えます。

発光器の中には発光細胞があって、その内部

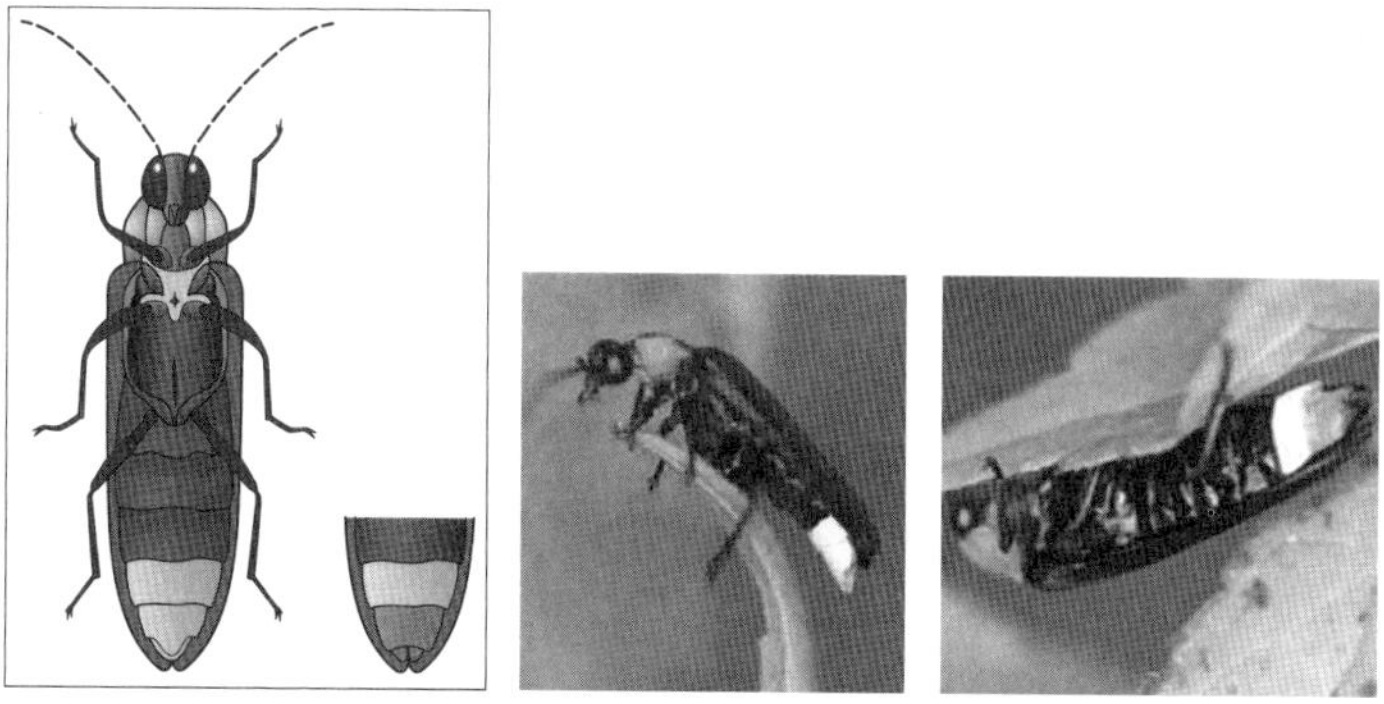

図1-9　ゲンジボタルの発光器

左：オスの腹面（左）とメスの腹面末端部（右）、中：ゲンジボタルの成虫（オス）、右：ゲンジボタルの成虫（メス）。

左：引用文献5より作図

の複雑な化学反応によって光を発生させます。その発光反応を担うのが、ルシフェリン、ルシフェラーゼという化学物質です。ルシフェリンは酸素と化合して光を出す物質、ルシフェラーゼはこの反応を手助けするタンパク質(酵素)です。このルシフェリンとルシフェラーゼが関わる複雑な反応過程で生じた物質が酸素に対して阻害作用をもっており、それによって発光が抑制され、光ったり、光を消したりすると考えられています。この化学反応における生成物は、生きているホタルの発光器内ではリサイクルされているので、反応が継続されます。

発光生物がもっているこの発光反応で発生するエネルギーのうち20~50%くらいが光になるので、ホタルの発光器を触ってもほとんど熱く感じません。白熱電球や蛍光ランプではエネルギーの10~25%しか光に変換できないのに比べると、大変効率のよい光の発生装置で、省エネで知られる白色LEDのエネルギーの30~50%が光となることにほぼ匹敵します。

ところで、地球上にはかなりの種類の発光生物がいます。そのほとんどは海の中、たいていは真っ暗な深海に住んでいます。陸上にいる発光生物としてはホタルや発光キノコなどが有名ですが、それらは発光生物の中では少数グループなのです。発光反応はルシフェリンとルシフェラーゼの反応によると紹介しましたが、不思議なことに、さまざまな発光生物がもつこれらの物質はそれぞれ違う化学物質で、ホタルがもつものはホタルルシフェリン、ウミホタルがもつものはウミホタルルシフェリンなどと区別されています。それら発光生物の光の色は、青、緑、黄緑、オレンジなどさまざまです。

そのルシフェリンやルシフェラーゼに関する研究の中で、発光クラゲであるオワンクラゲから見つけられた緑色蛍光タンパク質は、青色の光を緑色の光に変える不思議なタンパク質です。緑色蛍光タンパク質は、医学の分野でがんの研究や検査に貢献し、発見した下村脩博士は、この物質を生物学や医学で使えるように改良した科学者とともにノーベル化学賞を受賞されました。

コラム 1-4

いろいろな発光器

発光する昆虫はホタルの仲間以外にもいます。それらの昆虫の発光器の形や位置、数は種類によってさまざまです（**図1-10**）。中には、体の各体節に発光器をもっているものもいて、にぎやかやに光を放っているようです。

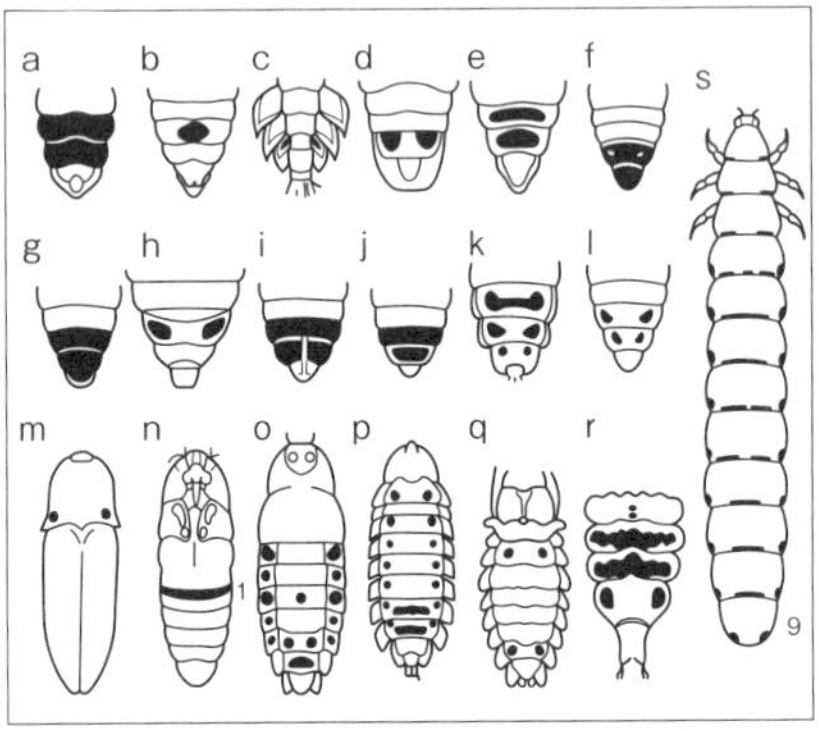

図1-10　代表的な発光昆虫の発光器の位置や形

黒色で示している部分が発光器。mとnはコメツキムシ科の甲虫、sはフェンゴデス科の甲虫、それ以外はホタル科の種類。なお、昆虫の大きさのスケールは同じではない。例えば、sの体長は40㎜、mやnは25㎜、ほかのホタル類は10〜15㎜。

引用文献8より作図

ホタルは明るい場所がきらい
――でも人は明るい昼間の生き物

ゲンジボタルやヘイケボタル、ヒメボタルなどの成虫は夜に活動していて、昼間は樹木や草の葉っぱの裏で休んでいます。夜にたくさんのホタルが止まっている木や草を覚えておいて、昼間に注意して探すとじっと止まっているホタルを見つけることができます。本当に昼間に活動しないのかどうかについて調べた報告もあり、飼育箱の中でホタルがいつ動き回るのかをいろいろな条件で観察し、その結果から、明るいと活動せず、活動するためには暗くなければならないことが示されています。つまり、ホタルは夜行性の生き物なのです。暗闇の中だからこそ、光の交信が有効な手段となり、光によりお互いの言葉を交わすことができるのです。

つまり、夜に活動するホタルたちは暗い「時間」や「場所」がないと活動できないのです。人は夜でも昼間のように明るくする技術を見つけてしまって、今ではその技術が当たり前で、それがないと不便を感じるようになってしまいました。どこにでも灯りがあり、町は一晩中明るい状態です。おかげで、私たちは夜でも安心して歩けるわけですが、ホタルたちは迷惑してないのでしょうか。

人は勝手なもので、夜自分の家で団らんを楽しんだり、本を読んだりしているときは灯りをつけていても、寝るときはしっかりと消します。それは、家の中の灯りをそこの住人が自由につけたり消したりできるからです。ところが、誰がいつ通るかわからない公共の場所ではそうはいきません。防犯上ずっとつけておかなければならないからです。防犯灯や照明施設は道路工事などのたびに増設され、最近は夜に車を運転していても、ヘッドライトがついていないことに気づかずに走れるほどです。これは、まさに人工白夜と言えるでしょう。多くの人が利用する場所、役所が管理している場所はほとんどそうです。

川筋もそのあおりを受けています。特に橋の周辺は相当に明るくなっています。また、川沿いに道がある場合には大型の明るい灯火が並んでいるところも多いでしょう。護岸整備が施されて、川辺林がなくなり、道や橋に灯りがたくさんあれば、夜の川面は当然明るくなります。こういった場所に住むゲンジボタルなどはかなり迷惑しているようです。彼らには「暗い」夜が必要だからです。夜行性の動物を観察してもらうために、動物園などでは昼夜を逆転させたりして暗い部屋をつくっているくらいですから。人も寝るためにはそうですが、ホタルも夜の活動に暗がりが必要なのです。

どの地域でも「ホタルが減った」と聞くことが多いですが、「ホタルが戻ってきた」という話もよく聞きます。ただし、どちらの場合も「昔はもっとたくさんいた」と聞く機会の方がはるかに多いと感じます。

恥ずかしながら、私が自然のホタルの壮大な光の舞いを初めて見たのは大学の4回生、京都市の清滝川でのゲンジボタルの成虫の生態調査に参加したときのことでした。小学生のころ、兵庫県西宮市の甲子園球場の近くに住んでいましたが、川はすべて3面コンクリート張りの水路となっていて、1960年代の日本の都市部の象徴としてドブ川化していました。もちろんそんなところにホタルはいませんでした。しかし、なぜかそのころからホタルを知っていました。甲子園球場での何かのイベントの折に、球場内で大量にホタルを放してホタル狩りを開いていたのです。私も親に連れられて、何も知らずにグランドの上でホタルを追っていました。その後、1970年に西宮市北部の新興住宅地に移りました。そこは小さな谷を開いたところで、造成してから間もなかったので、自宅付近にカラスアゲハ、ジャコウアゲハ、オナガアゲハ、ウラナミアカシジミやウラミスジシジミといった蝶が生息していました。そして、住宅地の脇の幅2mほどのコンクリート張りの溝にゲンジボタルがちらほら見られたのです。しかしそれは、ほんの最初のころだけのことで、ほどなくするとホタルは見られなくなってしまいました。母と「ここまでくるとホタルが残っているのね。それにしても、よくこんな溝にホタルがいるものねぇ」と話していたのも束の間のことでした。

たしかに、にぎやかな市街地の真ん中にはホタルはまずいません。しかし、例外（？）もあります。例えば、かつて京都の繁華街の中心、祇園近くの白川にゲンジボタルがいました。にぎやかな通りの間にほんの一角、忘れ去られたような薄暗い部分があり、そこを流れる白川に決して数が多いとは言えませんが、ゲンジボタルがたしかに飛んでいました。かつていなくなったところへ近所の人が放したという話ですが、ホタルのために特に川に手を加えるわけでもなく、また、いつも放流し続けるわけでもなく、ちゃんとゲンジボタルが生息し続けているようでした。「条件」さえ許せば、ネオン街の真ん中でもごく自然にホタルは生活できるのです。その「条件」とは何でしょうか。それがこの本で紐解いていきたい課題でもあります。

ところで、実際に京都の繁華街、祇園でホタルに気づく人はどれくらいいるのでしょうか。夜の祇園では、たいていの人は足早に通りすぎたり、ほろ酔い機嫌で帰りを急いだり、あるいは次の飲み屋のことしか頭になく、街の様子をゆっくり眺めることはしていないように見えます。さらに、薄暗い場所は避けて明るい通りを選びます。これではホタルに気づくはずもないでしょう。ゆったりとした散歩気分の、いわば心の余裕があって初めてホタルが見えると言うのは少し言い過ぎでしょうか。

一方、車を利用する人は多くいます。夜も、どこの道でも車が通っています。私自身、かつてドライブをよく楽しみました。すいている夜の道を走るのが好きでしたが、ドライブ中にホタルを見た記憶はありません。今も、車を使ってホタルの調査に出かけることが多く、ずぼらをして車で走りながらホタルを探すこともあります。しかし、明々とライトをつけて走っているとホタルは見えません。川べりの道を走っているとき、ヘッドライトの中を横切る白く見える虫と、ホタルの光を区別することも、まず無理です。

滋賀県のホタルダス調査の中で、「ホタルがいないのではなくて、ホタルを見に行かないのだ」という意見がありました。つまり調査当時では、日暮れの後は「ビールを飲みながらテレビで野球のナイター観戦」という生活様式が多いというのです。たしかに当たっています。明るいところを急ぎ足で家路につき、一度家に戻ると外に出ない、家を出るときは車を使う。これは一例ですが、どうも人の方がホタルを避けているのではないかと思われるフシがあることも事実です。ホタルが減ったのは事実としても、それ以上に私たちが生活するうえで身近にいるホタルを見ようとする機会が少なくなっているのではないでしょうか。

第2章

ホタルの暮らしぶり
——成長

ホタルの一生——1年の大半は水の中

日本でよく見られるゲンジボタルやヘイケボタルの成虫が現れる季節は、地域によって異なりますが、毎年だいたい6月ごろです。その季節にそれぞれの地域でホタルの光を多く楽しむことができるのは、2～3週間程度です。関西の平野部でゲンジボタルが姿を見せるのは少し早くて、5月下旬です。そして6月初旬に最も多くなって、6月中旬には姿を見ることが少なくなります。関西の山間部ではそれよりも半月から1カ月遅くなります。それにしても、夜に活動するゲンジボタルやヘイケボタルの成虫が初夏に出てくるのはどういうわけでしょうか。6月下旬は夏至にあたり、1年の中で夜の時間が最も短くなるころです。夜行性なのに夜が短い時期に現れるのはなんとも不思議です。

では、成虫となって光るまで、ホタルたちはどうしているのでしょうか。

ホタルは昆虫の仲間ですので、卵、幼虫、サナギといった発育段階を経て成虫になります（**図2-1**）。卵の期間は約1カ月です。成虫のメスは水辺のコケなどに卵を産みつけます。卵から孵化《ふか》したゲンジボタルの幼虫は水の中へ移動して、それから9カ月以上を水中で過ごし、巻貝類を食べて成長していきます。すでに紹介したように、ゲンジボタルやヘイケボタルの幼虫は水生なのです。そして卵が産まれた翌年の春、サナギになるために陸上へ上がってきます。上陸してきた幼虫は、土手を登り、土の中に潜ってサナギになります。サナギの期間は約1カ月です。

　と言いましたが、世界にたくさんいるホタルたちの幼虫についてはわかっていないことが多いようで

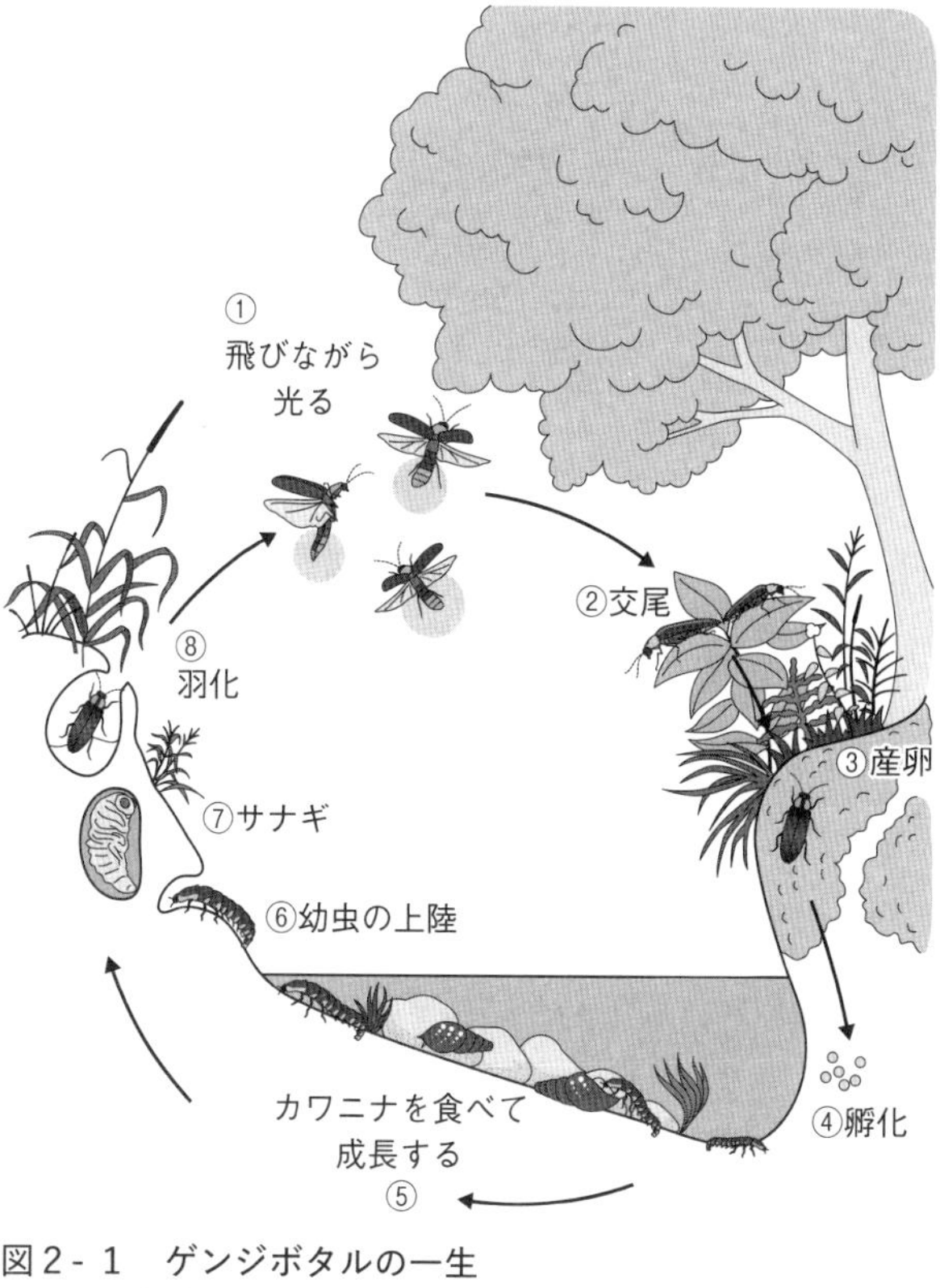

図2-1　ゲンジボタルの一生
引用文献2より作図・一部改変

す。それは、幼虫が陸生の種では、多くの場合、幼虫が土中に潜ってミミズなどを食べているようで、自然界では暮らしぶりを見ることがほとんどないからです。

繰り返しになりますが、ホタルの一生には、川辺を飛び回る成虫や川辺に産みつけられている卵のように陸上で暮らす期間、そして幼虫が暮らす長い水中の期間、サナギとして過ごす土中の期間、といった異なる環境が必要なのです（図2-1）。それでは、卵、幼虫、サナギ、そして成虫の暮らしぶりについて詳しく紹介していきましょう。

卵の孵化——深夜のダイビング

川辺に産みつけられた卵は直径0・6㎜ほどの球形で、最初は乳白色です。卵はコケのあるところでは、コケの葉の間にていねいに産みつけられます（図2-2、3）。卵は案外しっかりとコケにくっついていて、アリやクモが近くをうろうろしていても、卵を食べられたり、持っていかれるところは見たことがありません。

卵の期間は、温度によって変わります。通常、卵の期間は暖かいと短く、涼しいと長くなります。卵期である6月中旬～7月中旬の野外の気温は20～25℃くらいでしょうから、卵の期間は3～4週間です。

卵は、孵化する少し前から少しずつ黒ずんできます。孵化直前には真っ黒になり、よく見ると卵の中に幼虫がいるのがわかります。おもしろいのは、卵も光を放っていることです。人の目にはほとんど見えないような弱い光ですが、卵がたくさんあると、人の目にもぼーっと光っているように見えます（**図2-4**）。この卵の光はけっこう重要なのかもしれません。それはメスの成虫の産卵行動のところでお話ししましょう。

さて、水辺に産みつけられた卵は陸上環境にあります。孵化した幼虫は生活の場を水中へ移さなければなりません。幼虫は孵化直後から陸上で乾燥にさらされ

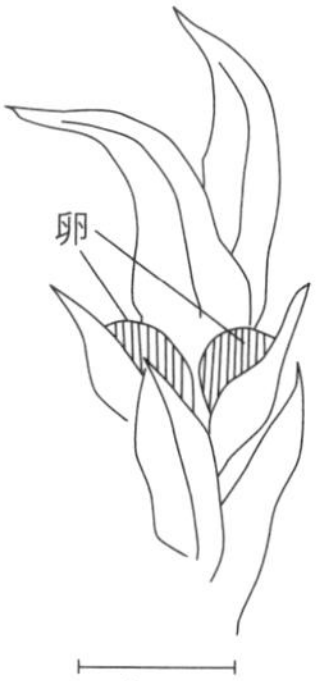

図2-2　コケに産みつけられたゲンジボタルの卵

引用文献15より作図

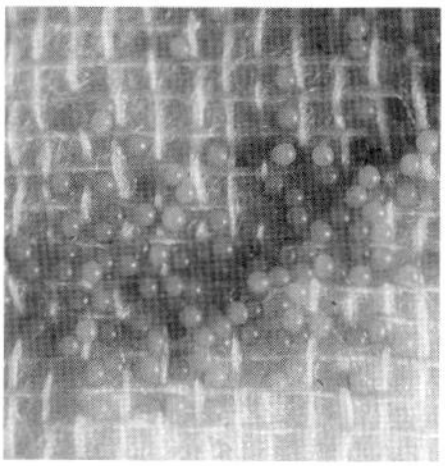

図2-3　ガーゼに産みつけられたゲンジボタルの卵

写真提供：辻村哲夫（京都市）

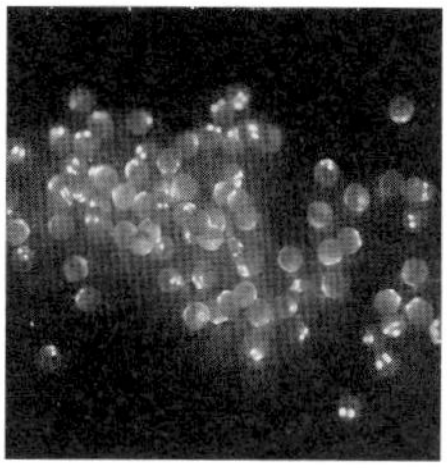

図2-4　光るゲンジボタルの卵

写真提供：辻村哲夫（京都市）

るので、下手をすると干からびてしまうことすらあります。少々かわいそうですが、孵化したての幼虫がどれくらい乾燥に耐えられるか、確かめたことがあります。孵化したての幼虫を水がないシャーレに移し、行動を見守ったのです。孵化幼虫は最初はシャーレの中で水を求めているのか、動き回っていましたが、30分も経つと動けなくなってしまいました。つまり、孵化幼虫は乾燥に非常に弱く、動けなくなってしまうので、いち早く水の中へ移動しないといけないのです。

ここで考えてみてください。仮に水際から50㎝離れたところに卵が産みつけられていたとします。生まれたての幼虫は2㎜ほどしかありませんから、50㎝という距離は、幼虫の体長の1000倍の人間の身長が2m弱の場合にたとえるとおよそ5000㎝、つまり500mにもなるのです。ちなみに生まれたばかりの幼虫の移動速度は、速くても毎分3～4㎝、30分かけても1mほどしか移動できません（**図2-5**）。これは孵化幼虫の移動速度を平らなグラフ用紙の上で測定したものです。しかし野外で、草が生えていたり、石ころがあっ

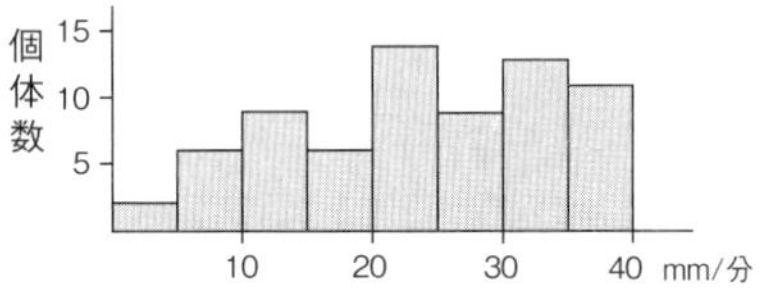

図2-5　孵化したばかりの幼虫の歩行速度
27°Cの実験室内で、幼虫を方眼紙の上に置き、30秒ごとに位置を記録して速度に換算したもの。ここでは観察を始めてから5分以内のものを集計してある。
引用文献15より作図

たりすると、それはより大変な道のりになることは想像していただけると思います。

でも、孵化幼虫はそんな距離を歩く必要はないのです。その理由は、メスの成虫が卵を産みつける場所の特徴にあり、それは川面につき出た岩や大きな木の下面なのです（**図2-6**）。そういう場所に卵が産みつけられていると、孵化幼虫は下の水面に単に落ちればいいのです。メスが選ぶ産卵場所はたいてい淵の上にあります。川には流れが速い瀬と流れが緩やかな淵がありますが、淵の上に産みつけられていると、幼虫は水面に落ちてもさほど流されなくてすみます。なんと巧妙なメスの産卵場所選びでしょうか。

水面に落ちた孵化幼虫は、しばらく水面に浮かんでいますが、そのうち水中へ沈んでいきます。メス親のおかげで実に安全に水中生活へ移れるのです。

幼虫の孵化も夜間に行われます。野外や実験室で1時間ごとに卵の塊から落ちてくる孵化幼虫を数えてみたところ、孵化幼虫の落下は深夜12時ごろから始まって、午前4時ごろ

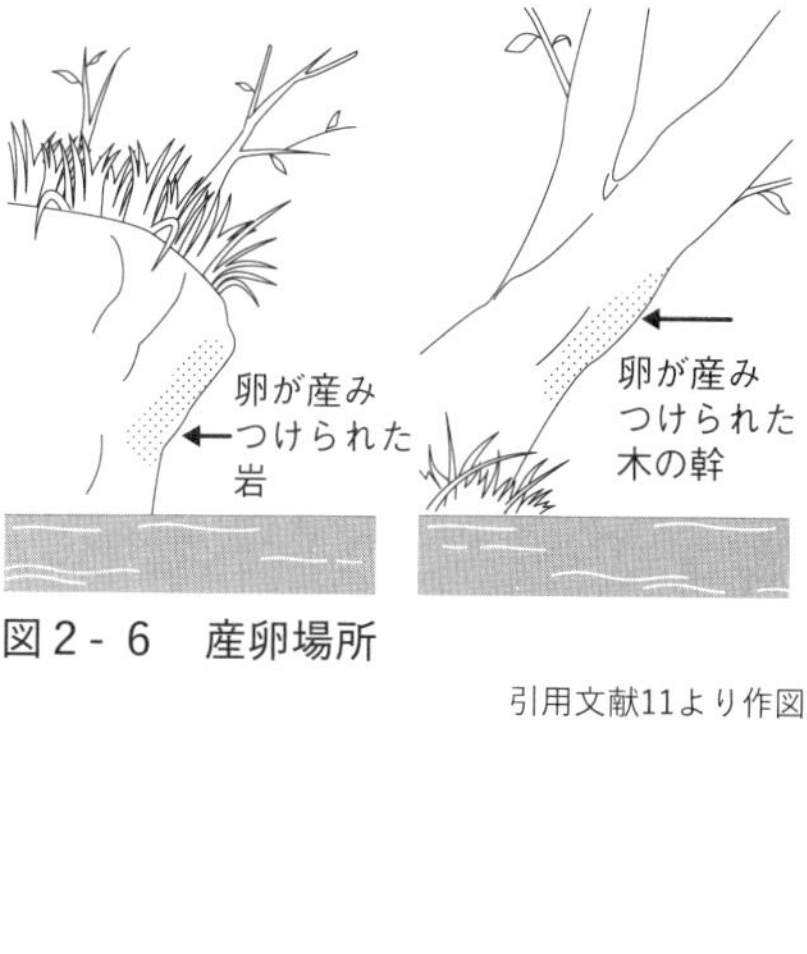

図2-6　産卵場所

引用文献11より作図

にピークになり、明け方の午前5時ごろには少なくなりました（**図2-7**）。つまり、ホタルは生まれながらにして夜行性のようです。

本当に落ちるのか、ちょっとした実験

卵から孵化した幼虫は落ちれば川に入れると書きましたが、本当にちゃんと落ちるのか、それとも律儀《りちぎ》に壁を這《は》って降りるものはいないのかを確かめるちょっとした実験をしてみました。

装置は簡単なもので、幅3cm、長さ10cmほどの板を、いろいろな傾きに取りつけて、その板の下面にゲンジボタルの卵が産みつけられているコケをつけました（**図2-8**）。卵の直下に、落ちたら入れる小さなシャーレを置き、落ちずに板をはって降りる幼虫のために装置全体を大きな

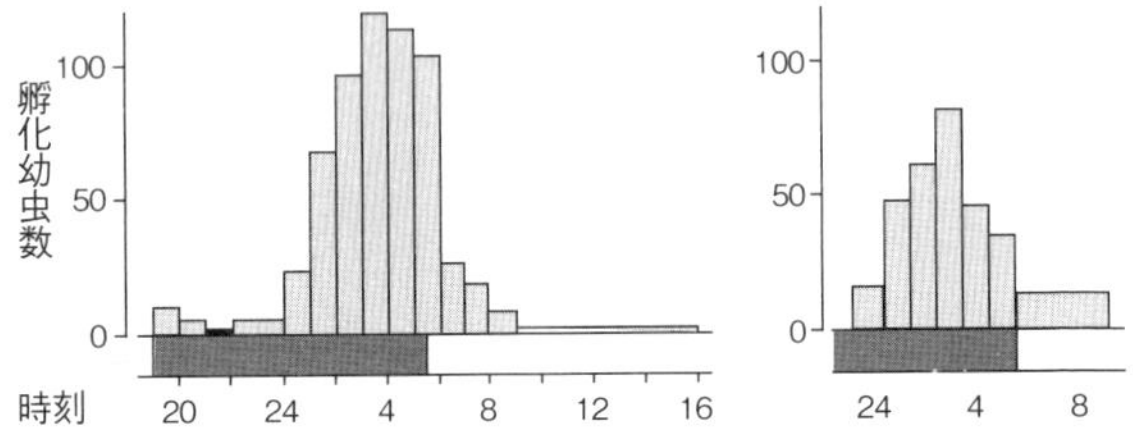

図2-7　孵化・落下時刻

左：室内試験。図2-8の実験台で観察したもの。右：野外。清滝川の集団産卵場の下にバットを吊り下げて落ちてくる幼虫を記録したもの。

引用文献15より作図

シャーレに入れました。大小のシャーレには水を張ってあります。装置全体を暗い部屋に置き、一定時間ごとに孵化した幼虫がどちらのシャーレにいるかを数えると、すべての孵化幼虫は卵が産みつけられているコケ直下にある小さなシャーレに入っていました。つまり、落下していたのです。

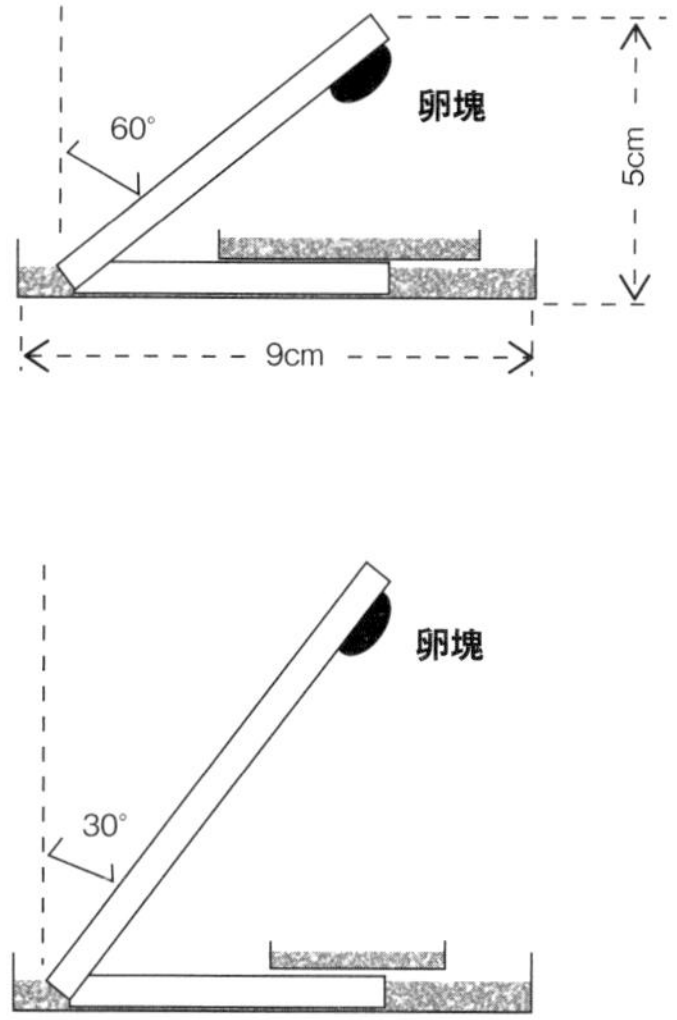

図2-8　幼虫の孵化行動の観察台
卵塊の下に2種類の大きさのシャーレを置いた。
引用文献15より作図

幼虫はきらわれもの
——よほどまずいのか？

実際の生息環境では、卵が産みつけられている周辺の川面付近には小魚がたくさん泳いでいます。私が観察していた京都の清滝川にはカワムツなどがいました。明け方になると小魚たちは時折水面でなにかをついばんでいます。せっかく水面にたどり着いた孵化幼虫がどんどん食べられていないか、心配になりました。

そこで、これも実験ですが、水槽でカワムツの稚魚を飼育して餌を与えず空腹にさせておき、そこへ実験室で孵化したばかりのゲンジボタルの幼虫をボトンと落としてみました。すると、空腹の小魚はそれに食いつきましたが、すぐに吐き出してしまったのです。もう一度、孵化幼虫を落としてみましたが、今度は見向きもしません。あれっと思って、念のためにアカムシ（ユスリカの幼虫）を落としてみたところ、ちゃんと食べました。以後、孵化幼虫を何度落としてもそれには食いつきませんでした。この理由ははっきりとはわかりませんが、魚にとって孵化幼虫はまずいようです。

孵化後すぐに水面に落ちることができることと相まって、多くの孵化幼虫は無事に水中生活に移れるようです。

幼虫は絶食に強い
——生まれたての幼虫でも1ヵ月くらいは生きる

水中生活に入った生まれたてのゲンジボタル（初齢幼虫）は、餌であるカワニナを探さなければなりません。しかし、考えてもみてください。体長わずか2㎜の幼虫にとって、直径1㎜の砂粒でも、それは人にたとえると直径1m近い岩に相当しますし、なにしろ広い川の中です。うろうろ歩き回ってカワニナを探すにしても、かなりの時間を要するでしょう。

卵の期間に襲われることもなく、孵化して水面に落ちても小魚に食べられることもなく、無事、水中に入った生まれたての幼虫は、いつまでにカワニナを探しだせたら餓死せずにすむのでしょうか。

少々かわいそうですが、餌なしでどれだけ耐えられるのかを確かめてみました。実験は、小さなシャーレの中に孵化したばかりのゲンジボタルの幼虫を1匹ずつ入れて、毎日様子を確かめるというものです。すると、一番早く動けなくなったものでも、孵化の22日後、長生きしたものでは54日で、平均生存期間は36日でした（**表2-1**）。生まれたばかりの幼虫を初齢幼虫または1齢幼虫、その後脱皮すると2齢幼虫……と呼びますが（**図2-9**）、初齢幼虫が、ひとたび餌にありつくと、その後の絶食に耐えた期間は平均75日、もう少しカワニナを与えた場合の生存期間はなんと111日でした。つまり、何も食べなくても1

カ月近くは生きられ、少しでも腹を満たすと2～4カ月は餌なしに耐えることができたのです。

同じような実験を2～4齢幼虫にも行ってみました。すると、脱皮したての2齢幼虫の絶食に耐えた日数は平均72日、2週間ほど餌を与えた後では平均144日、脱皮したての3齢幼虫では84日、少し餌を食べると191日、脱皮したての4齢幼虫では111日、少し餌を与えると平均で143日、最大は208日でした（**表2-1**）。5齢幼虫になると、半年以上平気で絶食に耐えていたので、実験を止めてしまったほどです。なんとも気の長い実験でし

		供試虫数	脱皮数	死亡数	生存期間（日）	
					最短～最長	平均
1齢	孵化直後	20	0	20	22～54	35.6
	2日間摂食後	20	0	20	49～102	74.8
	6日間摂食後	19	6	13	72～161	110.5
2齢	脱皮直後	36	0	36	36～117	71.8
	1～4日間摂食後	34	0	34	49～146	97.1
	6～8日間摂食後	20	2	18	55～170	111.3
	13～15日間摂食後	19	13	6	79～170	143.8
3齢	脱皮直後	17	0	17	54～125	84.4
	3～4日間摂食後	10	2	8	146～234	191.0
4齢	脱皮直後	15	0	15	68～164	111.2
	1～3日間摂食後	4	0	4	79～208	143.0

表2-1　絶食耐性

餌なしでゲンジボタルの幼虫が生きられる日数（20°C）。

引用文献15

た。このように、幼虫が絶食に強いのは、ミミズをはじめ小魚すら捕らえて食べるトンボの幼虫(ヤゴ)や、砂の巣に滑り落ちてくるアリなどを食べるウスバカゲロウの幼虫(アリジゴク)のような肉食の昆虫にはよくあることのようです。やはり肉食の幼虫の場合、なかなか餌にありつけないこともあるからでしょう。

幼虫の餌はカワニナ——肉を溶かしてすする

ゲンジボタルの幼虫は川に住む巻貝のカワニナ類を食べて育ちます。口の小さな幼虫は、カワニナをばりばりと砕いて食べるわけではありません。幼虫はカワニナを見つけると、まず噛みついて麻酔をか

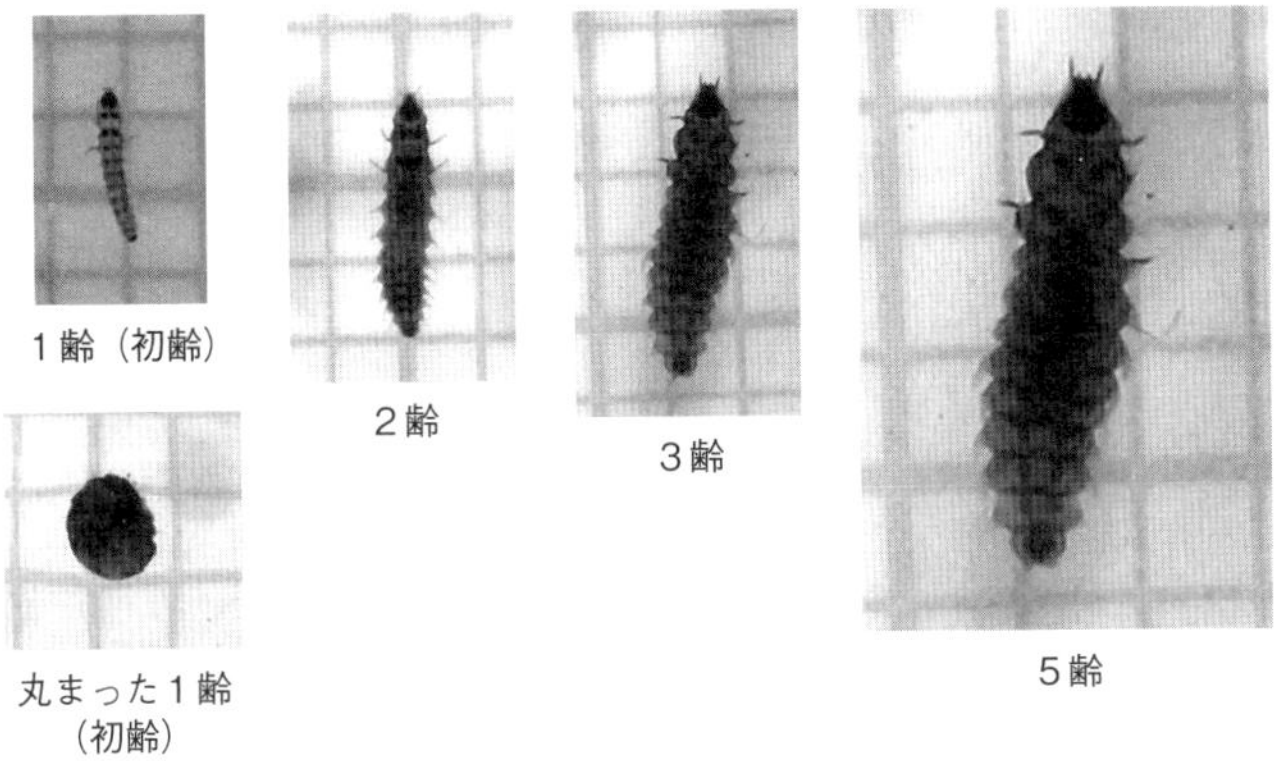

図2-9　ゲンジボタルの幼虫
方眼は1㎜四方。

け、動きを止めます。襲われたカワニナは、肉部（軟体部）を殻の中に引っ込めてしまいます。カワニナは軟体部を守るための蓋をもっていますが、それは薄くてペラペラで、また貝の入り口をふさぐには小さいので、幼虫は容易にカワニナの肉部に噛みつけるようです。あとは、幼虫が殻の中にどんどん入り込んで、ちょうど貝の口部を自分の体で蓋するような状態になります（**図2-10**）。その後は、口から消化液を出して、カワニナの肉部を溶かして、そのスープをすする、と考えられています。このような食べ方を体外消化といいます。

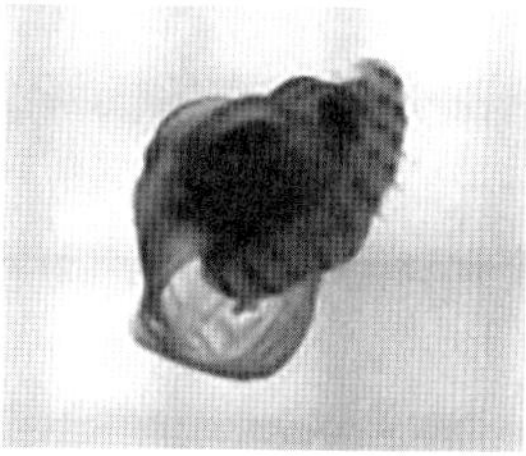

図2-10　カワニナに潜り込んで摂食中の1齢幼虫

たしかに、幼虫の食べ残しの部分や、食べている途中に無理に引き出すと、貝の中からどろどろしたものが出てきます。自分の体で巻貝の口を蓋していると、溶かした肉汁が流れ出ることがないので、実に上手な食事法ですね。ちなみに、ゲンジボタルの幼虫の場合、呼吸のための気門が腹部にありますので、頭を巻貝の中に突っ込んでいても窒息することはありません。

なお、ヘイケボタルの幼虫もカワニナを食べますが、ミミズなども食べるようです。通常、ホタル類の幼虫の口の内部構造は液体をすするようにできているとされていますが、陸生のホタルの幼虫では、小さな肉片を食べるという報告もあり、今後さらなる調査が必要でしょう。

コラム 2-1

カワニナの種類

この本では、「カワニナ類」や「カワニナ」と表記していますが、実はカワニナにはたくさんの種類があります（**図2-11**）。それらを見分けるのは難しいので、詳しくは紹介しません。もちろん、カワニナ（*Semisulcospira libertina*）という種はちゃんといて、北海道から九州まで広く分布しています。紛らわしいのでマルカワニナと呼ぶ場合もあります。

類似種としては、チリメンカワニナ（*S. reiniana*）やクロダカワニナ（*S. kurodai*）がいます。前者は北海道から九州に分布していますが、北海道などのものはキタノカワニナ（*S. dolorosa*）と言われることもあります。後者は東海地方から中国地方にいます。

さらに、琵琶湖やその周辺には別のカワニナのグループがいて、ビワコカワニナ類と呼ばれることもあります。殻の上にイボが発達した種類も多く、ヤマトカワニナ（*S. niponica*）、カゴメカワニナ（*S. reticulata*）、ナカセコカワニナ（*S. nakasekoae*）など、20種ほどが知られています。ただし、これら琵琶湖に住むカワニナ類のほとんどは湖環境に適応しているため、川に放しても育ちません。ちなみに、これらのカワニナたちは琵琶湖の固有種、つまり世界で琵琶湖にしかいないものたちです。

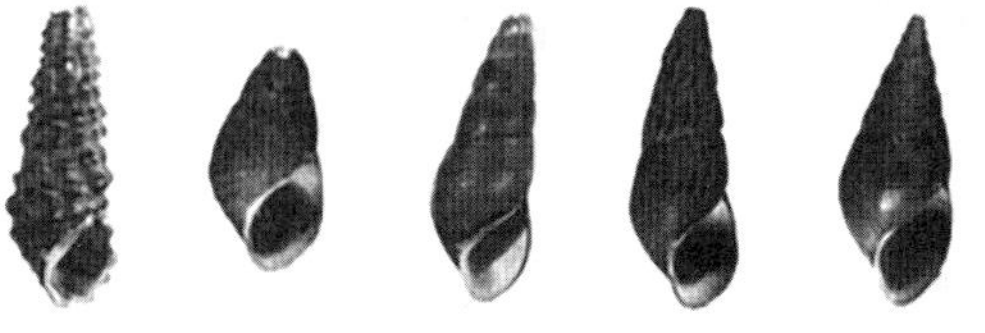

図2-11　カワニナの種類

引用文献7

どんな大きさのカワニナが好きか？
——大きいカワニナは襲えない

ゲンジボタルの幼虫はカワニナを食べると紹介してきましたが、どんな大きさのカワニナでも食べられるのでしょうか。幼虫は、カワニナを食べる際に、まずカワニナを捕まえて噛みついて麻痺させなくてはなりません。体長２㎜の初齢幼虫にとって、例えば２～３cmのカワニナは自身の10倍以上の大きさですので、どうみても襲えそうにありません。では、どんな大きさのカワニナならば食べられるのでしょうか。これも、幼虫にいろいろな大きさのカワニナを与えて実験してみました。実験にはチリメンカワニナを使いました。

体長２㎜ほどの初齢幼虫や体長３㎜ほどの２齢幼虫に、いろいろな大きさのカワニナを与えた結果、殻径２・０㎜までのものなら捕まえて食べられ、殻径２・５㎜より大きくなると捕食しにくいことがわかりました（**図2-12**）。つまり、それぞれの大きさの幼虫に

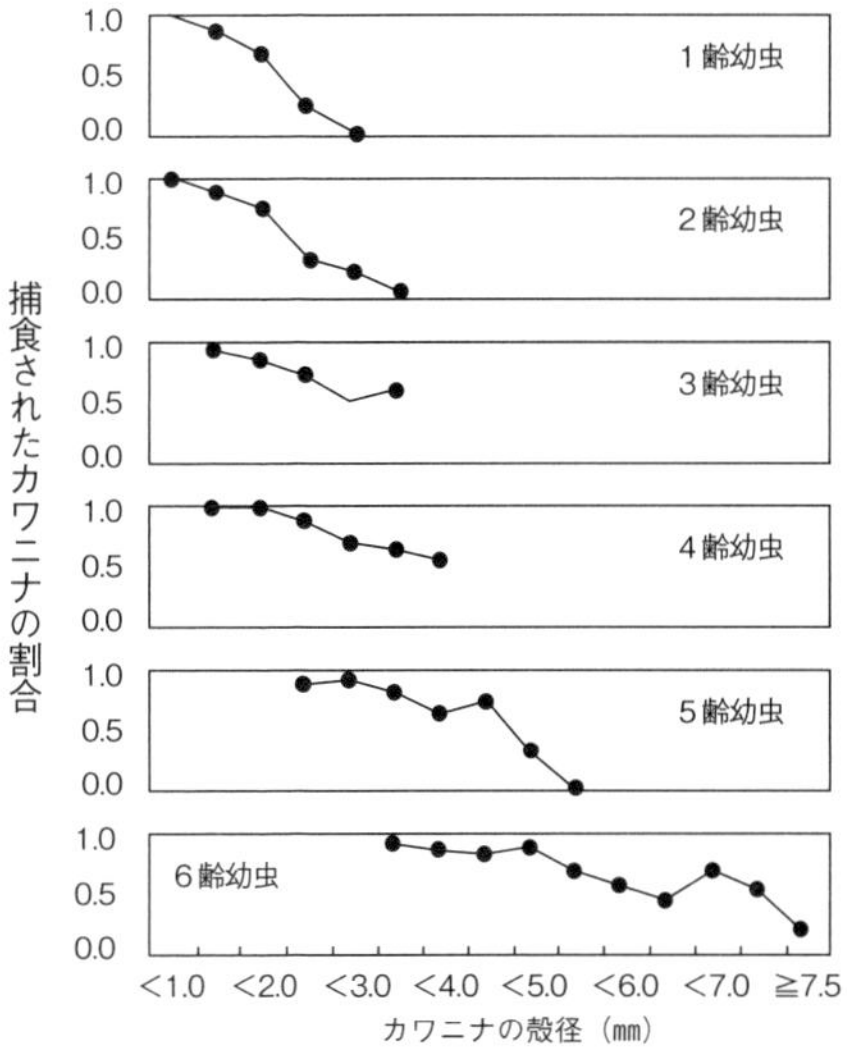

図2-12　ゲンジボタルの１～６齢幼虫が捕食したカワニナの大きさ

とって、大きすぎるカワニナは食べられないということです。その後は幼虫の成長に伴ってだんだん大きなカワニナを捕食できるようになります。

このことは2つの点で重要なことで、1つは、川の中にカワニナがたくさんいるように見えても、通常、私たちには大きなカワニナが目についてしまい、小さなカワニナがどれくらいいるのかはわからないことが多いのです。

2つ目は、幼虫にとって広い川の中で自分に見合った大きさのカワニナを見つけるのはかなり難しそうだ、ということです。だからこそ、長い絶食にも耐えられる体力をもっているのでしょう。

ところで、コラム2-1「カワニナの種類」で、琵琶湖にはビワコカワニナ類が複数いることを紹介しましたが、ゲンジボタルやヘイケボタルは琵琶湖では育っていないようです。それは、カワニナの特殊な産仔様式が関係しています。カワニナ類は、卵を産むのではなく、子どもの貝を直接産

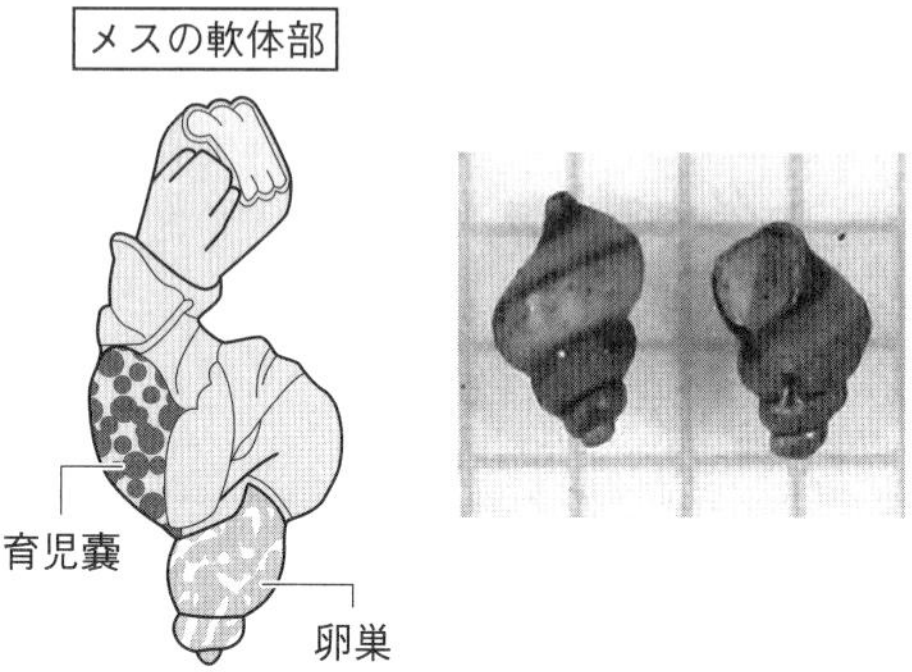

図2-13　カワニナのメスの体の構造と仔貝
右は生まれたてのチリメンカワニナ稚貝。方眼は1㎜四方。
左：引用文献15より作図

み出します。こういう様式を胎生といいます。カワニナ類は体内に育児嚢という袋をもっていて、卵はそこで孵化して一定の大きさの仔貝になるまで育ちます。その親貝から産出される仔貝の大きさは、マルカワニナやチリメンカワニナの場合では、殻径1～2㎜くらいですので、これらの仔貝はゲンジボタルの初齢幼虫などが食べることができます（**図2-13**）。ところが、琵琶湖にいるビワコカワニナ類は、産出する仔貝の殻径は3～5㎜と、とても大きいのです。こうなると、ゲンジボタルの幼虫にとっては仔貝が大きすぎて食べられないので、結局、琵琶湖では育つことができないのです。

コラム 2-2

幼虫はどうやってカワニナを見つける？

実はこの問いは今でも謎なのです。多くの昆虫では餌を見つけるのに、視力や嗅覚を用います。そこで、実験室でシャーレの中に幼虫とカワニナを入れて、幼虫がどうやってカワニナを見つけるのか観察しました。しかし、幼虫は近くにカワニナがいても見えてないのか、においがわからないのか、無関心です。また、カワニナは這うと粘液を残します。これはカタツムリなどが這った後に木の幹などに白い這い跡が残るのと同じです。そこで、カワニナを這わしたガラス板に幼虫を乗せてみましたが、カワニナの這い跡をたどる様子も見られませんでした。そして単に、カワニナにぶつかるとそれを襲うのです。こんな方法で、広く、石がゴロゴロある川の中で自分の体に見合った大きさのカワニナを本当に見つけられるのか、とても信じられません。みなさん、ぜひこの謎を解いてください。

幼虫は何回脱皮するのか？——オスは5回、メスは5〜6回

昆虫の仲間の幼虫は、食べて太っていくたびに脱皮をします。これは、昆虫の外骨格はキチン質で覆われていて伸びることができないからです。一見大きくなるように見えるのは、幼虫の体の体節がつながったような構造になっていて、その体節の間の間膜が伸びているからです。体節そのものは大きくなれません。そこで、脱皮して、新しい大きな外骨

格を得るのです。

では、サナギになるまでに何回くらい脱皮するのでしょうか。ゲンジボタルの幼虫の成長の様子を観察するために、1匹ずつ容器に入れ、各個体の成長を追跡しました。数百匹の個体を別々に飼育するには、かなりのスペースを必要とします。もっとも、幼虫が小さいころは直径3㎝ほどのプラシャーレで飼育していたので、まださほどのスペースはとりませんでした。ところが、幼虫が大きくなると、約5㎝角の半透明なプラスチック容器を使ったので、これには相当のスペースを必要としました。各飼育容器は、温度や日照条件を設定できる装置の中で飼育しました。

ふつう、ゲンジボタルの幼虫を飼育する場合は、水槽などでポンプを用いて水中へ空気を送りながら飼育することが多いようです。私の場合は、少し苛酷だったかもしれませんが、飼育容器にごく少量の水（幼虫の背がでるくらいの水量）を入れて、その中で飼育していました。一見、幼虫にはかわいそうに思えるかもしれませんが、幸い幼虫はほとんど死にませんでした。そしてサナギになるときは、これまたかわいそうですが、小さな円筒形プラスチックケース（直径3㎝、高さ5㎝）を用い、そこに半分くらいの湿った土を入れて蛹化《ようか》させました。

その結果、成長を追跡した1匹1匹の幼虫が、最終的にオスになったのか、メスになったのかもわかりました。そして、ゲンジボタルの幼虫の脱皮回数は、オスではほとんどが5回、メスでは7割が5回、3割が6回、つまり基本的にオスは6齢で、メスは6齢または7齢で成熟してサナギになることがわかりました。それまでゲンジボタルの幼虫の脱皮回数は6回で、7齢幼虫で成熟するというのが定説でした。滋賀県守山市在住の南喜市郎氏がゲンジボタルの幼虫の飼育技術を確立しながら調べたものです（南喜市郎『ホタルの研究』）。しかし、オスでは6齢で成熟してサナギになったのです。この違いは、南氏が1匹ずつ飼育していなかったからかもしれません。

ゲンジボタルでは通常、7月ごろに孵化してから翌年の4月ごろにサナギになるまで9カ月ほどの期間を幼虫として過ごしますが、中にはなぜか成長が悪く、1年以上かかるものもいます。そういった幼虫の場合は、通常より多く脱皮するものもいるようです。

大きい幼虫と小さい幼虫

ゲンジボタルの幼虫を1匹ずつ飼育して成長を追跡したおかげで、ほかにもいろいろなことがわかりました。その中で、ゲンジボタルの卵に大小があることもわかったのです。

卵は直径０・６㎜ほどの小さなものです。その重さは１００μgほどです。私がこの飼育実験を行ったのは、今から半世紀以上前で、そのころには今のような精度の高い天秤は相当に高価なものでしたが、幸いにも研究室にはそれがありました。苦労しながら1個ずつ卵の重さを測ってみると、なんと31μgから１１９μgまで4倍近い差があったのです（**図2-14**）。昆虫の卵にこんなにも大小があるのかと思いながら得られたデータを調べてみると、1匹のメスの成虫が産む卵の大きさに変化があり、成虫の季節の前半に産まれる卵は大きく、季節とともに小さくなることもわかりました。ささいな差かもしれませんが、大きい卵は相対的に低温で、一方、小さな卵は高温で孵化率がよいこともわかりました。ちょうど暑くなる季節に対応しているようでした。

そうなると、大きい、あるいは小さい卵から生まれ

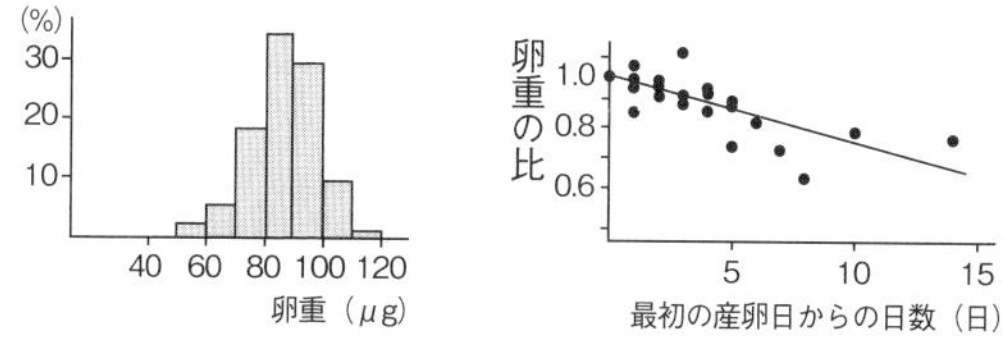

図2-14　卵の大きさ

左：卵の重さの頻度分布。右：メスの成虫の日齢に伴う産下卵の重さの変化。横軸は野外より持ち帰ったメスが実験室で最初に産卵した日を0日目とした日数を示し、縦軸は実験室で最初に産んだ卵の平均重量を基準（1.0）とし、それに対する各産卵日の卵の平均重量の割合を示した。

引用文献15より作図

た幼虫がその後どうなったのかが気になります。細かい話は省いて、おおざっぱな言い方をすると、大きな卵から生まれた幼虫はやはり大きな成熟幼虫になり、小さな卵から生まれた幼虫は小さな成熟幼虫に育つのです（**図2-15**）。ただし、これらは6齢で成熟するものの場合です。メスの場合は、小さな卵から生まれた幼虫は7齢となって大きな成熟幼虫に育ちます。メスの成虫の産卵能力はおおよそその体の大きさに比例しますので、季節の後半に産まれた小さな卵からでも大きな成熟幼虫、成虫になれれば相応の数の卵を産み出すことができるようです。

ちょっといじわるですが、成長の途中で絶食状態に置くと、幼虫によっては脱皮したと

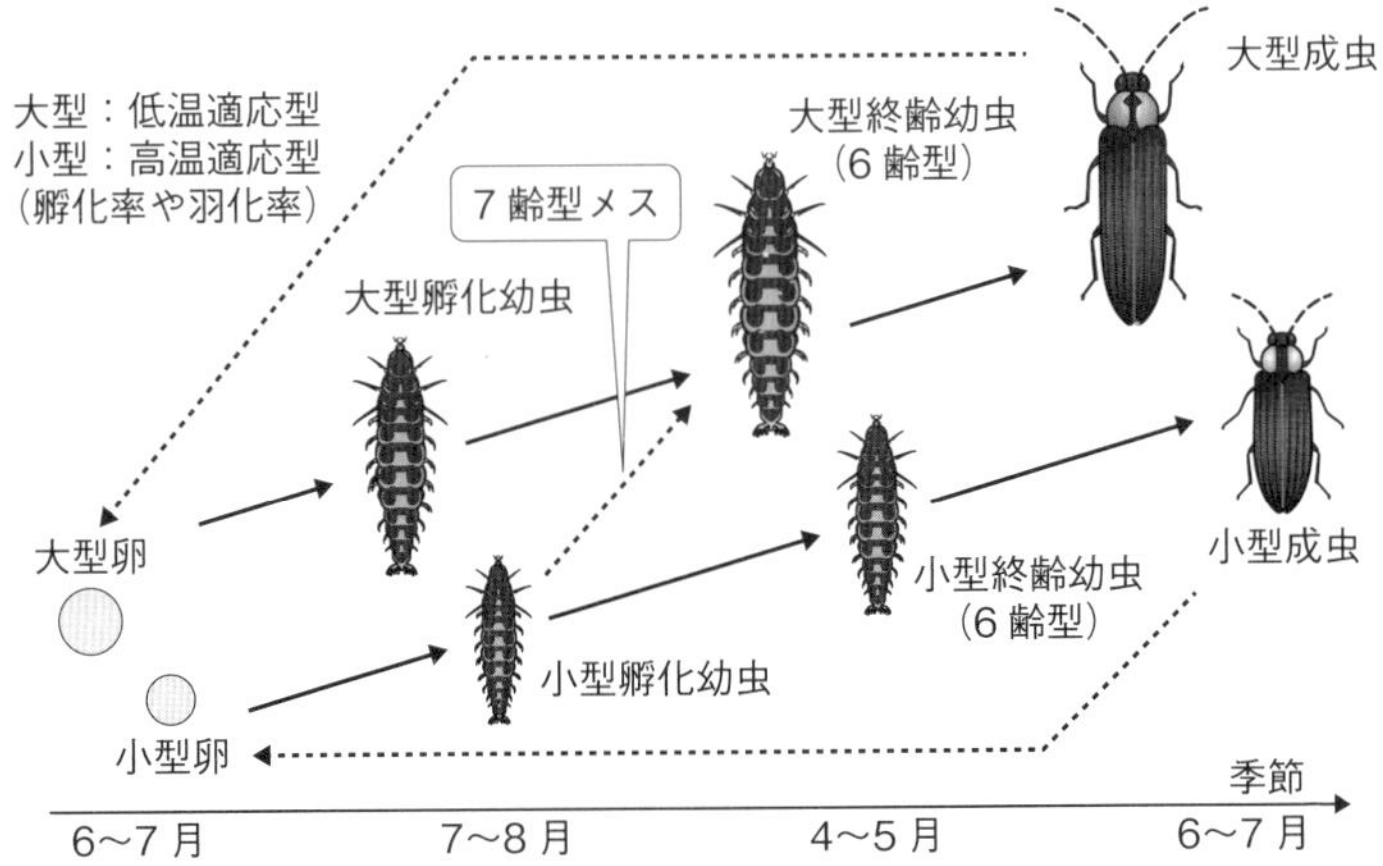

図2-15　ゲンジボタルの成長とサイズ

きに、通常の次の齢のものよりも小さな幼虫になることがあります。しかし、そういう幼虫にちゃんと餌を与えると、次に脱皮するときには回復して、ふつうに育った幼虫と同じ大きさになっていました。自分がどういう大きさになるべきかを知っているように感じました。

一生にどれくらいの数のカワニナを食べるのか？

では、ゲンジボタルの幼虫は成長し終えるまでにどれくらいのカワニナを食べるのでしょうか。飼育記録を追ってみると、ちょうどよい大きさのカワニナを調達できなかったことも少なくないので、案外たくさんのカワニナを必要としていた場合もありますが、各齢で数個のカワニナを食べれば、次の齢に進めるようでした（**表2-2**）。

つまり、6齢で成熟するゲンジボタルのオスの幼虫の場合、成熟までに40個くらいのカワニナを食べ

齢	捕食した数
1齢期	3〜13
2齢期	4〜17
3齢期	4〜21
4齢期	4〜27
5齢期	6〜15
6齢期	3〜18
7齢期	4〜17

表2-2　ゲンジボタルの幼虫が食べたカワニナの数

引用文献15

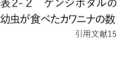

ることになります。1匹のカワニナのメスは数百の仔貝を産むとされていますので、よほどたくさんのホタルの幼虫がいる場合でない限り、カワニナ集団に次の世代につないでいくことができないほどのダメージを与えることはないように思われます。

幼虫の住み家は川の石の下
——浮石がある流れ

ゲンジボタルの幼虫は川の中で生活しています。川には流れがあります。ここで幼虫の体を改めて見てみましょう（図2-16）。幼虫はイモムシのような外見で、体はぶよぶよしています。さらに、脚は3対、6本ありますが、とても細くて小さく、何かにしっかりとつかまることもできなさそうです。つまり、幼虫は見るからに、水中を泳ぐことも、何かにつかまって流れに抵抗することも得意ではありません。にもかかわらず、流れのある川に住めるのは、なぜなのでしょうか。

幼虫も夜行性で、暗いところを好みます。飼育していても、幼虫はだんご状に集まったり、瓦のかけらや小石があるとその下に潜り込んでいます。川でも流れの緩い場所の小石をひっくり返すと、その下にホタルの幼虫を見つけることができます。ただし、生まれたての幼虫は小さくて見つけにくいので、見つけることができるのはある程度大きくなった幼虫の場合です。

　ゲンジボタルの幼虫にとって、小石の存在は欠かせないものなのです。幼虫は明るいところがきらいなので、石の下などに隠れています。また、小石がたくさんあると、小石の間は流れがより緩くなっていて、幼虫は暮らしやすいのです。

　ここで少しややこしい話をしましょう。みなさんは川の中に小石なんていくらでもあると思っているでしょう。たしかに小石はたくさんあるのですが、今一度幼虫の姿を思い起こしてください。幼虫は頼りない脚と、頭には小さなアゴがありますが、このような体つきではアリのように穴を掘ることはできません。ですので、幼虫の体ごと下に潜り込むことができる、つまり下に隙間がある小石が必要になるのです。石の下に隙間なんかいくらでもあるだろ

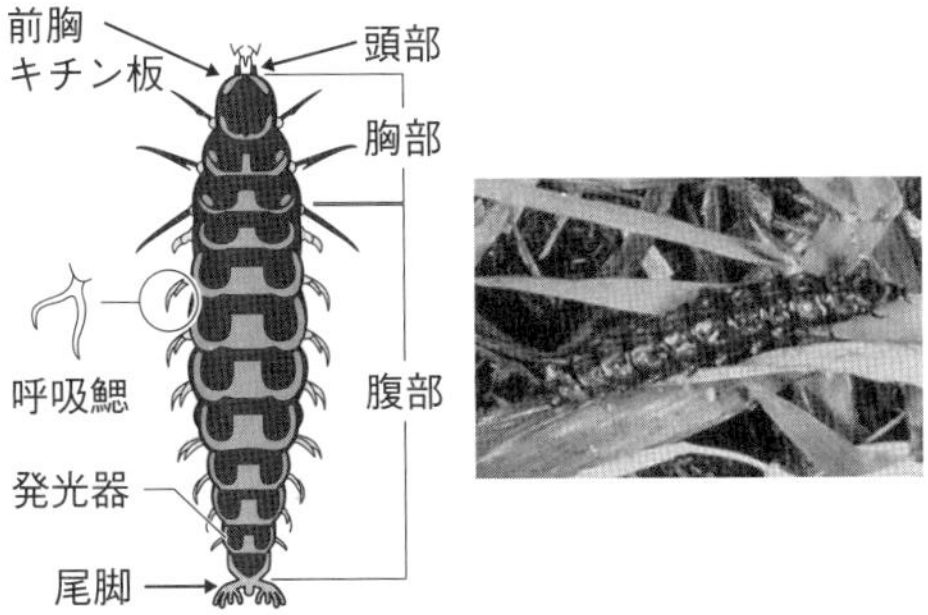

図2-16　ゲンジボタルの幼虫と上陸幼虫

左：ゲンジボタルの幼虫の体の構造。右：上陸中の幼虫、滋賀県志賀町今宿（1996）。

左：引用文献12より作図

うと思いませんか？　できれば川へ出かけていって、流れの緩い場所で小石を起こしてみてください。小石は案外しっかりと川底にはまっているはずです。これは、流れが緩いと川底に泥がたまり、小石の下の隙間を埋めたり、小石そのものを埋めてしまうからです。そういう状態の石を「はまり石」と呼びます。

　では、流れが速いと石の下に泥はたまらないのでしょうか。たしかに、川の中でも流れが速い瀬では、石の下に泥はたまらず、小石の下にも隙間はたくさんあります。そして、あたかも小石が積み重なったような状態になっています。このような状態の石を「浮き石」と呼びます。ただし、流れの速い場所で、浮き石が重なっているような場所では、小石の下も流れは速く、泳いだり、ものにつかまったりできないホタルの幼虫も流されてしまいます（**図2-17**）。

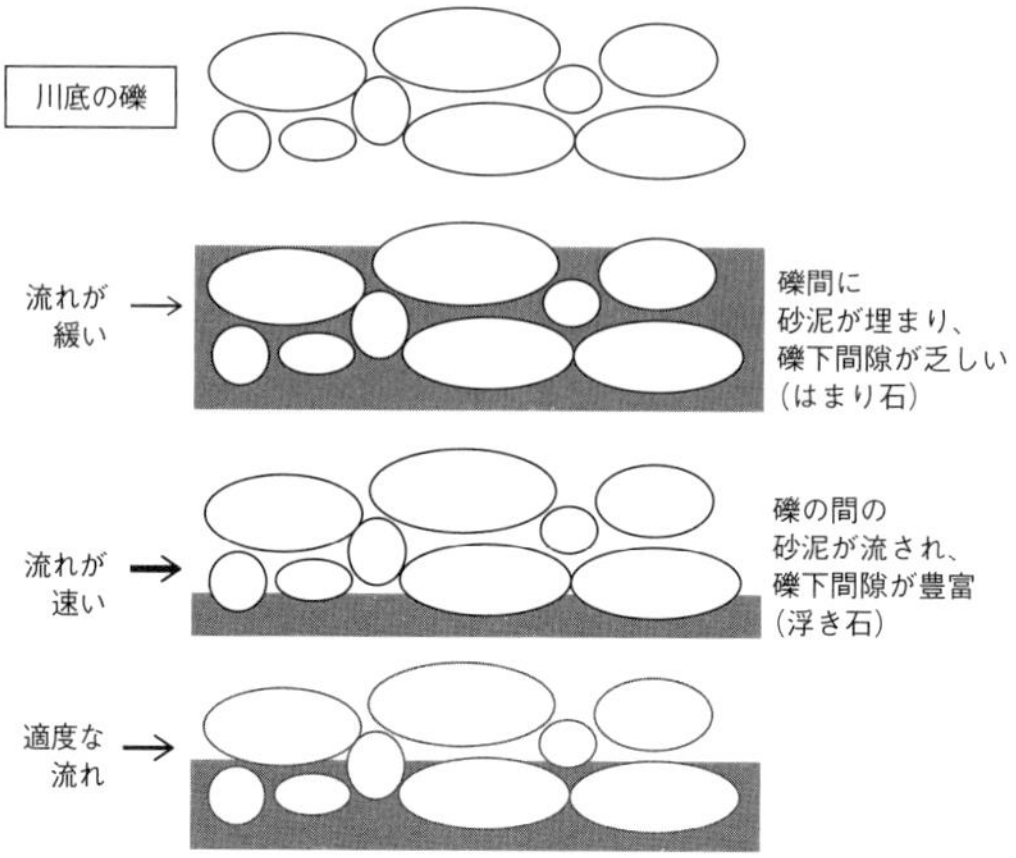

図2-17　川底の礫《れき》（はまり石、浮き石）

引用文献15より作図・一部改変

つまり、ゲンジボタルの幼虫にとっては、流されない程度に流れは緩いけれども、泥が小石の隙間すべてにはたまらない程度に流れがある、という絶妙の状態が必要なのです。瀬にも淵にも住めないゲンジボタルの幼虫はいったいどこで生活しているのかというと、淵から瀬に変わっていく途中や川岸の方にあるそういう場合なのです。つまり、ゲンジボタルの幼虫は川の中のどこにでも生活しているのではなく、かなり限られた場所に住んでいることになります。なお、これは自然の川での場合で、人がつくった水路では状況が少し違います。その話はまた後ですることにしましょう。

サナギになるために川から上陸
——春の雨の夜の光のじゅうたん

カワニナを食べて十分に育ったゲンジボタルの幼虫は、春、ヤマザクラが散るころの雨の夜に川から上陸してきます。サナギになるためです。

幼虫の上陸は1カ月ほど続きます。ただし、雨が降っている、あるいは降った後、地面が十分に濡れている夜に限られます。したがって、雨が少ない年には上陸する機会が少なくなることがあります。そういうときは、雨が降ったときにいっせいに上陸します。実は、上陸時期の雨の降り方は、成虫の現れ方にも関係しています。

上陸する時間帯はやはり夜です。上陸の前、幼虫たちは水際で夜を待ちます。午後8時ごろ、あたりが真っ暗になると、ゾロゾロと上陸してきます。その際、幼虫たちは腹部後端に一対ある発光器から青白い光を放ちます。成虫の発光とは違い、明滅ははっきりせず、ぼーっとした光です。しばらく雨が降っていないと、水中で足止めされていた成熟幼虫たちがいっせいに上陸してきて、それらが川岸でみんなそれぞれにぼーっと青白い光を放っているので、あたかも青白い光のじゅうたんのように見えます。ただし、むやみに足音をたてて近づくと光を消してしまう場合があります。

幼虫の上陸は明け方近くまで続きますが、幼虫たちはサナギになるためにそれぞれ地面に潜っていきます。潜るのに適当な場所がないと数mの崖でも平気で登っていきます。幼虫はこのように地面に潜るために雨の夜を待ちます。前述したように、幼虫たちは乾燥に弱いので、雨の夜を選んで上陸してくるのです。

ところで、ゲンジボタルの卵や幼虫の大きさには大小がある、という話をしました。上陸幼虫の大きさはどうなのでしょうか。やはり、早い時期に上陸してくる幼虫は大きく、遅い時期に上陸してくる幼虫は小さくなります。そして、早い時期に上陸してくる大型の幼虫は相対的に低温、そして遅い時期に上陸してくる小型幼虫は相対的に高温で羽化率が高くなるようです。

サナギになれる川岸の環境——土中で行われる土繭つくりの妙

上陸してきた幼虫は地面に潜ってサナギになります。どんな条件の地面に潜るのか、十分にはわかっていませんが、まずは幼虫の体つきをまた思い出してください。か細い脚、小さなアゴをもつ幼虫は、陸上であってもアリのように穴を掘ることができません。では、どうやって地面の中に潜るのでしょうか。幼虫は、草の根や枯葉などがからまっている地面の隙間を見つけて潜るようです。幸い、幼虫はイモムシのように体がぶよぶよですから、多少の隙間があれば潜っていけるのでしょう。問題はその後です。土中でサナギになるための土繭《つちまゆ》をつくるには、土中に最低直径1cm、長さ2cm程度の空間が必要となります（**図2-18**）。しかし、土中にそんな空間はめったにありません。そこで幼虫はどうするのかというと、土の中で体をぐるぐる回して、少しずつ周りの空間を広げていきます。そしてある程度の空間が確保できると、粘液を出して、つくった楕円体形の空間の内側を塗り固めます。粘液で内側を塗り固められた土繭は、手でつまんでもつぶれないほど丈夫なものになります。

ここでまたもや問題があります。それは土の柔らかさです。土が柔らかくないと、幼虫がいくらがんばって体で空間を押し広げようとしても、十分な空間は得られません。つまり、イモムシのような幼虫でも押し広げられる程度に柔らかい土が必要なのです。

図2-18　土繭中のゲンジボタルのサナギ
滋賀県大津市（1994）。

ここまで読んだみなさん、できれば外へ出て、土がある場所を探して、地面に指をそっと突きたててみてください。たいていの場所では指すら突っ込めないでしょう。そういうことができる場所があるとすれば、それはよく手入れされた畑だと思います。そこは土がふかふかしていて、簡単に指を土の中に突っ込むことができるはずです。土繭をつくろうとするゲンジボタルの幼虫にはそういったふかふかした土が必要なのです。しかし、ゲンジボタルが住んでいる川のそばにそうそう畑があるわけではありません。では、川岸で幼虫が土繭をつくれるのはどういう場所なのでしょうか。それは、川岸に枯葉が積もり、少し腐植した状態となってできた土です。ちょうど、ホームセンターで売っている腐葉土のようなものが積もった場所です。そういう場所であれば、幼虫は土繭をつくるための空間をつくり出すことができます。

では、みなさんが外へ出て確かめてくれた硬い地面はどうでしょうか。そこは幼虫には硬すぎて、土中に潜ることもサナギになるための空間をつくることもできないでしょう。私たちの街などでは、庭木や街路樹、あらゆる植木の周りは案外きれいに枯葉なども掃除されていて、残念ながらそういう場所に腐植土が形成されることはありません。私たちが「きれいに」と思って行っていることは、ホタルの幼虫にとってはありがた迷惑なのかもしれません。

ホタルの仲間はみな土繭をつくって、その中でサナギになります。ただしホタルの種類によっては、土中ではなく、地面の表面付近で、土くれを積み上げるようにして土繭を

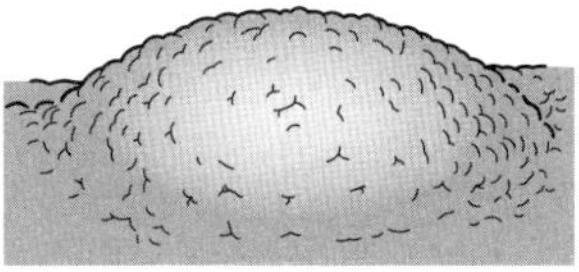

図2-19　土くれを積み上げてつくる土繭

北米の陸生ホタル
(*Photuris pennsylvanica*) の土繭。
引用文献9より作図

つくるようです（**図2-19**）。ヘイケボタルもそういう傾向があります。

成虫の活動時間

ゲンジボタルの幼虫が川から上陸してきて1カ月ほどが過ぎると、土繭の中ではサナギが黒ずみ、やがて羽化します。羽化したばかりの成虫は真っ白ですが、じきに黒ずんできます。そして、生息地が平野部ならば5月下旬ごろから地上に成虫が姿を現します。

さて、サナギの土繭は人がつまんでもつぶれないと紹介しました。ゲンジボタルの成虫も幼虫と同じで、立派な大アゴも、丈夫な脚ももっていません。そういう成虫がどうやって土繭から出てこられるのでしょうか。成虫はか弱そうな脚で土繭の壁を引っかいて壊して、地面に出てくるようです。したがって成虫も、雨が降って地面が緩んだときを選んで地上に現れます。ただ、雨が降っている間は地中で待っていて、雨が上がってから出てくるようです。そして成虫が地上に現れるのも夜です。夜になると、サナギになった場所の近くで地上に出てきたばかりの成虫が地面の近くで光っていて、やがて大空へ飛び立ちます。

私たちがゲンジボタルの光の舞いを鑑賞に行くのは、夜8〜9時ごろであることが多いでしょう。その時間帯に羽化したばかりの成虫が飛びながら光っていることが多く、見ていて心がなごみます。

ゲンジボタルの成虫は飛びながら光るときに、周りにいるほかの個体と点滅を同調させているように見えるときがよくあります。かつてホタルが本当にたくさんいたころには、多くのホタルが同調して光りながら、渦を巻くように飛んだそうです。これをホタル合戦と呼ぶそうですが、残念ながら私はそういう壮大な光景を見たことがありません。

ゲンジボタルの成虫は一晩中光っていますが、一夜のうちにその成虫がよく活動し光っている時間帯は3回あります（**図2-20**）。1回目はみなさんが鑑賞に行く夜8〜9時ごろ、次は深夜の12時ごろ、そして明け方です。夜9時ごろに多くの成虫が光りながら飛び回っています。その光の舞いは、オスが光を放ちながらメスを探しているので

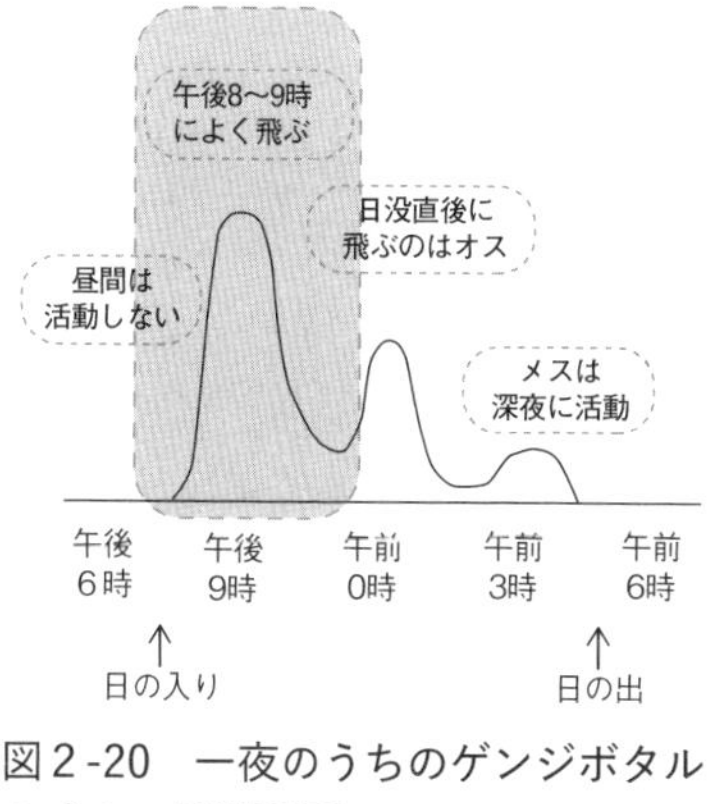

図2-20　一夜のうちのゲンジボタルの成虫の活動時間

す。特に羽化したてのメスは草の間などにいますので、そういうメスをオスが探していま
す。草の上のメスは、気に入ったオスの光を見つけると、光の返答を返します。そしてそ
のメスの光の返答を見つけたオスはメスの近くに降り立ち、ちょっとしたオス・メスの光
の挨拶をかわして、その後、草の上で交尾にいたります。

ということは、人々が愛でている光の舞いは、実はメスを見つけられていない、いわば
かわいそうなオスたちの姿なのです。とはいえ、光の舞いに見入っている人々の中でも、
そのような残念なオスたちの舞いだということがわかっていて、そういう目で眺めている
人は、まずいないでしょう。

なお、深夜以降のゲンジボタルの成虫の活動については、後で紹介することにします。

成虫は明るい場所がきらい
——暗いから光が有効

いま紹介したように、光って飛んでいるオスは、メスを探しています。メスはオスの光
を見定めていることでしょう。そして、メスは気に入ったオスに対して光って返事をしま

す。このように、ホタルの仲間は光によってオス・メス間の交信をしていることは、第1章でも紹介しました。このような光交信を有効に行うためには、暗い環境であることが必要です。なので、明るい場所は成虫たちがきらって、ほかへ移動してしまいます。

どれくらいの暗さならよいのかを、かつて京都市の琵琶湖疏水《びわこそすい》（通称「哲学の道」沿いの水路）で調べたことがあります。成虫の数と夜間の照度を比べてみました。夜間の照度は、水路（琵琶湖疏水）の護岸上の地面に照度計を置いて計測しました。この水路には多くの橋があり、その橋ごとを調査区間として、照度と成虫数（10m当たりの密度に変換した値）を比べてみたのです（**図2-21**）。琵琶湖疏水は人家の近くを流れていて、その脇の哲学の道は散策路となっており、街灯もつけられているので、夜でもけっこう明るい場所もあります。比較の結果、区間の照度が0.2ルクスを超えると成虫が少ないことがわかりました。ただし、

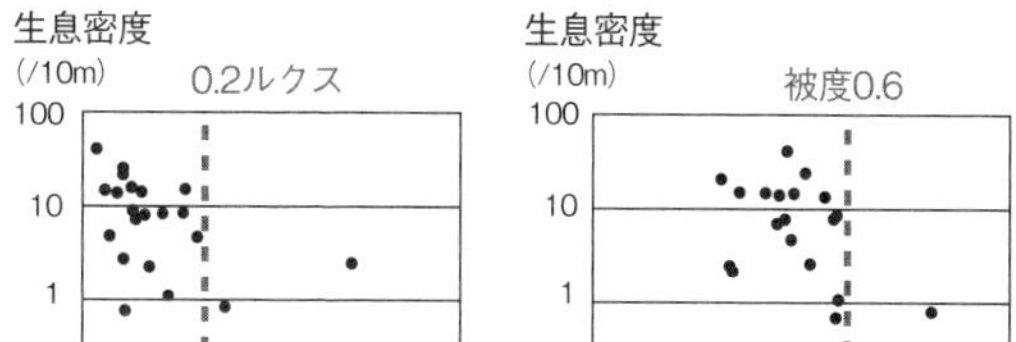

図2-21　夜間の照度と樹木の覆い（被度）とゲンジボタルの成虫の生息状況

京都市左京区、銀閣寺疏水（2000）。

引用文献16より作図・一部改変

暗くてもゲンジボタルの成虫があまりいない区間もありました。

一方で、おもしろいこともわかりました。それは水路沿いの樹木の状態です。水路沿いには多くの桜の木が植えられていて、春の哲学の道には花見を楽しむ人々が多く訪れます。このような樹木が育ち枝葉が茂っていることによって、街灯などの光が妨げられ、それなりに暗くなります。そこで、樹木の茂り具合も調べてみました。樹木の茂り具合は、樹木の枝葉が水路上をどれくらい覆っているかという割合（これを樹木の被度とします）で評価してみました。樹木の被度が高い（樹木の枝葉が水路上を多く覆っている）と、当然、光が遮られて暗くなります。しかし、被度が6割以上になって、良好な暗さの環境に思える場所には、成虫は意外に少なかったのです（**図2-21**）。どうもゲンジボタルの成虫は茂った樹木が流れの上を覆っているような環境はきらいなようです。

卵を産む場所——意外に少ない産卵場所を探すメスの行動

ここでは、深夜以降のゲンジボタルの成虫の活動について説明します。深夜以降の活動は、実はゲンジボタルのメスの成虫によるものなのです。メスは深夜になってから活動を始め、産卵場所を探しに出かけます。オスの場合は川面の上を上へ下へ、左に右にとふらふらと飛びますが、メスは川面の上1mほどの高さをかなりの速さで一直線に飛びます。そして産卵によさそうな場所を見つけると、速度を落として近づいて様子を調べに行きます。

メスが選ぶ産卵場所の条件はけっこう厳しいものです。卵の孵化の話題でも紹介しましたが、卵を産むのは下に水面があるような、川にせり出した岩や樹木の幹の下面です（**図2-6**）。条件がよい場所には多くのメスが産卵にやってきます。産卵中のメスは点滅のはっきりしない、少し弱い光を放っています。一方、産卵場所を探すメスは、上流に向かって飛びます。そのとき、岩陰などの暗がりの中に、産卵中のメスの光を見つけると、すーっとそこへ寄っていき、その場所の少し手前で品定めをするようにゆらゆらと飛び、気に入るとさっとそこへ着地します。そして、どんどんメスがそこへやってくると、時には100匹を超える大きな集団となり、みんなで産卵をしています（**図2-22**）。しかし京都市の清滝川では、好適な産卵場所は決して多くはなく、約3kmの調査区間にたったの30カ所弱、つまり100mほどに1カ所だけでした。

ただし、このように集団をつくって産卵するメスの行動がはっきりしているのは、西日本に生息するゲンジボタルです。東日本に生息する、ゆっくりと発光するゲンジボタルの場合は、なぜかこのような産卵集団をつくる行動はあまり見られません。同じゲンジボタルでも地域によって行動が異なるのは非常に不思議です。

西日本のゲンジボタルでは、メスが産卵行動を開始するのは深夜になってからで、午前2～3時が産卵活動のピークとなります。多くのメスが産卵に専念していると、飛翔するホタルも減ってしまいます。その後、明け方が近づくと、メスたちは三々五々、産卵集団から離脱し、休息のために近くの木などへ移動します。

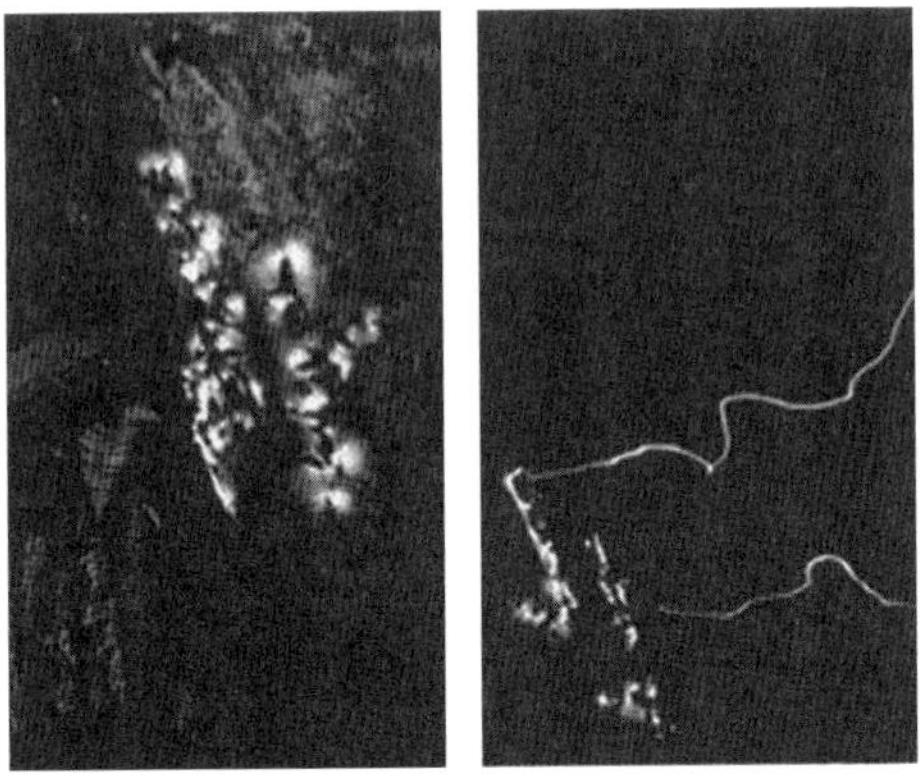

図2-22　メスの産卵集団の光（左）と産卵集団へ加入するメスの光跡（右）
京都市清滝川（1977）。

川でゲンジボタルの観察をしていると、川べりの木にたくさんのホタルが止まって光っているのを見ることがあります。深夜の前、オスはたくさん飛んでいるのに、樹上のメスが飛び立つ気配はありません。その光り方は、多少明滅していますが、飛んでいるホタルよりもずっと弱い光です。しかし、とてもたくさんのホタルが1本の木に集まってチカチカと光っていれば、それは川辺のクリスマスツリーさながらです。実は、こういう情景は大きな産卵集団ができる場所の近くにあることが多く、つまり木に止まっているホタルは集団産卵の後、休息にやってきたメスたちなのです。そのような木は、川面に枝を張り出しているカエデ類などの場合が多いようです。

メスが産む卵の数——野外では産卵能力のすべては発揮できない

ところで、1匹のメスはどれくらいの卵を産むことができるのでしょうか。ホタル関係の本などには、ゲンジボタルの場合はだいたい数百個の卵を産むと書かれています。

ゲンジボタルのメスの体内には、成熟した卵をたくさわえている卵巣と、その卵巣につながる、新しい卵を次々につくる卵巣小管があります（**図2-23**）。メスを実体顕微鏡の下で、ピンセットと小さな眼科用ハサミを使って解剖し、卵巣を取り出します。対象が小さいので解剖は簡単ではありませんが、体内には卵巣以外の臓器はほとんどないので、慣れればそう難しい作業ではありません。

1匹のメスの卵巣小管の数は数十本あり、そこからどんどん成熟した卵が卵巣へ送られます。卵巣内にたくわえている卵の数（蔵卵数といいます）は、メスの大きさと関係しているようで、大きなメスでは８００卵ほど、小さなメスでは２５０卵ほどでした（**図2-24**）。ただし、これは産卵能力を示す値ではなく、腹の中にどれくらいの卵をたくわえることができるかという値で、産卵して卵巣内の卵が減れば、卵巣小管からまた新たな卵が卵巣に送られると考えられます。したがって、何日もかけて次々に産卵すれば産卵数は卵巣内の蔵卵数よりも多くなると考えられます。また、これは飼育して羽化してからの日齢がわかるメスを用いたのですが、日齢の若い（羽化してから日の浅い）メスには、蔵卵数が少ないものがけっこういました。このことから、成熟した卵は羽化してから次々につくられていくものと考えられます。

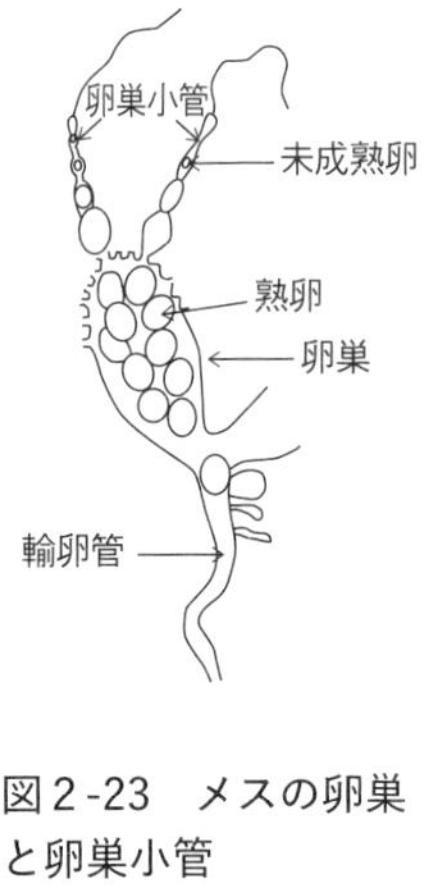

図2-23　メスの卵巣と卵巣小管

引用文献15より作図

次に、ゲンジボタルのメスの成虫を小さなプラスチック容器に個別に飼育して、それぞれがどれくらいの頻度で何個ぐらいの卵を産むのかを調べてみました。容器内には少し湿ったガーゼを垂らしておいて、それを毎日回収するだけです。ゲンジボタルの成虫は何も食べませんので、こうした飼育実験は楽です。この実験では、1匹のメスが最大1749卵を産みました。実験に用いたメスは、平均で2・1日ごとに産卵し、1夜の産卵数は平均165卵でした。

一方、清滝川で調べた野外でのゲンジボタルのメスの生存日数は5・7日でした（詳しくは後で説明します）。また、羽化してから産卵を始めるまでの日数は、南喜市郎氏の観察によると3～6日なので、ここでは羽化して3日で産卵を始めると考えてみると、野外で1匹のメスが産む卵の数は平均的に、

165卵 × （5・7日－3日） ÷ 2・1日 ＝ 212卵

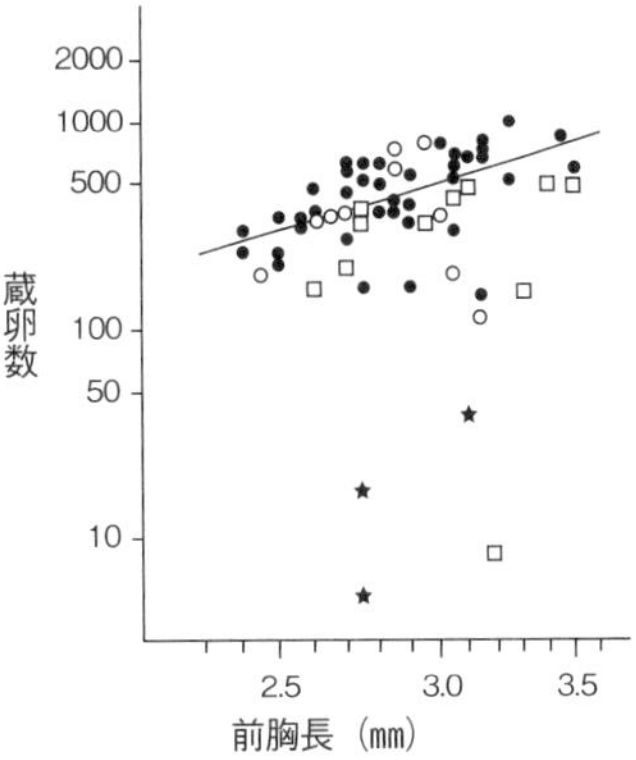

図2-24　メスの大きさ（前胸長）と卵数の関係

室内で羽化したメスの成虫の日齢、大きさと蔵卵数。★羽化後0日（羽化直後）、□羽化後2日以内、○羽化後4日以内、●羽化後5日以上。

引用文献15より作図

と計算されます。つまり、産卵数の最大能力を発揮できるメスは少ないだろうと考えられ、死亡する個体が少なくない野外では１匹のメスがたった２００卵少々を産むだけと推定されるのです。

第3章

ホタルが住むのはどんなところ？

ゲンジボタルの生活環境
——成虫・卵・幼虫・サナギに必要な環境

これまで紹介してきたように、ゲンジボタルの成虫は生活のためにいろいろな環境が必要であり、もちろん卵、幼虫、サナギ、さらには幼虫の餌のカワニナにもそれぞれに適した環境が必要、というように実に多様な環境が必要であることがおわかりいただけたと思います。ただし、これまでに強調してきたことは、ホタルが生息する環境のうちの物理的な側面でした。

それらの物理的な環境条件を簡単にまとめておきましょう。羽化してきたメスにとっては、潜んでいられる草むらが必要であり、そこは交尾場所にもなります。その草むらの上にはメスを探索するために、オスが飛び回る空間が必要です。また、メスが産卵場所を探索するためには、川面の上に広い空間が開けていなければなりません。オスやメスの休憩場所となるような川に向かって張り出した樹木も重要です。卵にとっては、大きな淵の周りに川面にせりだした岩陰や大きな樹木が必要です。幼虫にとっては、流れの緩いところに隠れ場所となるような浮き石、つまり石の下に幼虫が入り込めるような空間が必要です。

上陸幼虫のためには潜り込みやすい構造をもった地面と、サナギの部屋となる空間を簡単につくれるような間隙の多い土壌が必要です。

このような条件が一つでも欠けるとホタルは生活しづらくなります。「ゲンジボタル＝水」というイメージのせいか、成虫の生活場所のことが忘れられがちです。例えば、幼虫をたえず放流しなければ成虫が出ないような場合がこれに相当します。そういう場所では、幼虫は育って成虫になることができます。つまり、川の中やサナギのための条件は満たされていると考えられます。しかし、成虫にとっては環境条件が十分ではないので、交尾・産卵といった活動がうまくできないのでしょう。だから、幼虫を放してやらないと次の世代の成虫が出てこないのです。このように生活史の一部を介助しなければならない場合は、その原因を探ってみることをおすすめします。ホタルがいない場所でも、実際にはホタルの住む条件のすべてが欠けているのではなく、どこか一部を欠いているだけのことが多いと感じています。

ホタルを増やす目的で人工水路を設置する例が多くあります。この発想は、１９７０年ごろから始まりました。その後、大きな河川の脇に小さな水路を設置し、そこでホタルを増やそうというケースも現れました。水路の規模はともかくとして、川の主な流れの部分と脇の細い流れの部分をホタルはどう認識するのでしょうか。このような場合、幼虫が側流に放流され、ともかくそこで幼虫が生活することになります。そこで育ったホタルは成虫になって、その後どうするでしょうか。通常、ホタル自身の生活史の中では、幼虫がどこで生活するのかは、産卵場所を選ぶ親が決めます。したがって、人が準備した側流の価値は、ホタルの成虫がその場所を卵や幼虫にとってよい場所と思うかどうかにかかっているると言っても過言ではないでしょう。

川の淵と瀬——流れと底の多様性

川とは本来、水が自由奔放に流れるところであり、そのために川は蛇行し、瀬や淵があります（**図3-1**）。瀬や淵の存在は生き物にとってとても大事です。例えば、アユが遡上してくる前はオイカワが瀬で生活しています。しかし、アユがやってくると、オイカワは瀬

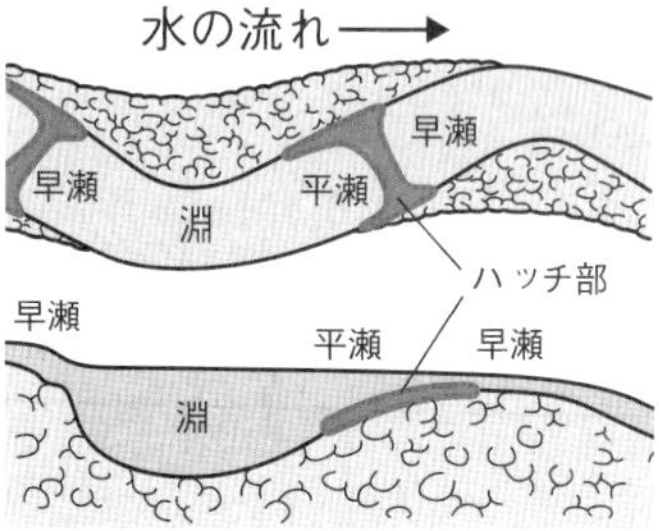

図3-1　川の淵と瀬

上：平面図、下：断面図。ハッチ部はゲンジボタルの幼虫が住みそうな場所。

引用文献3より作図

を追われて、淵に生活の場を移します。淵がないと、オイカワの生活の場がなくなってしまいます。またアユにしても、強い個体は瀬でなわばりを持ちますが、弱い個体は淵で群れて生活しているのです。

いろいろな種類の水生生物が、それぞれに瀬や淵といった川の中の環境に分かれて生活しています。瀬から淵までどこにでも住んでいる水生生物はほとんどいません。例えば、大変流れの早いところでは砂や小さな礫が流されて岩や大きな礫だけが残り、そこにはヒラタカゲロウ類の幼虫（**図3-2**）のように、扁平な体型をしたものが岩に張り付くように生活しています。彼らの体はとても薄いので、流れがどんなに早いところでも岩の表面を自由に動き回ることができるのです。

流れがある程度ある平瀬の部分では、シマトビケラ類の幼虫（**図3-3**）が石のくぼみなどを利用して網を張って生活しています。その巣網の一方の口は大きく開き、もう一端はほとんど閉じたような半円錐状の形をしています。石の上に何匹もの幼虫が

図3-2　ヒラタカゲロウ類の幼虫
写真提供：（国研）森林研究・整備機構 森林総合研究所

いても、その巣の口はどれもちゃんと上流を向いています。これは上流に口を向けて巣をつくることで、流れてくるいろいろなものを網で受けて、そこに引っかかったものを食べているからです。巣の口が正しく上流に向いていると、風を受けた帆のように水の流れを受けて巣が膨らみます。しかし、巣の向きが悪いと、巣はしぼんでしまい、餌を受けられなくなります。流れが強すぎると網は流されてしまうし、弱すぎても網が膨らまず、餌を受けられなくなります。つまり、シマトビケラ類の幼虫たちには適度な川の流れの速さが必要なのです。

流れの緩い淵の底には砂がたまっていて、そこには砂底に穴を掘って生活しているモンカゲロウ類の幼虫（**図3-4**）などがいます。モンカゲロ

図3-3　シマトビケラ類の幼虫の巣網

写真提供：小林草平（京都大学）

図3-4　モンカゲロウ類の幼虫

写真提供：（国研）森林研究・整備機構森林総合研究所

ウ類の幼虫は穴の中で腹部に7対ある大きな鰓を動かして水流を起こし、餌が穴の中に流れ込んでくるようにしています。流れを自分で起こさなければなりませんが、その前に自ら穴を掘ることができる砂底がなければなりません。砂がたまるのは淵の特徴なのです。

このように、川の流れの速さと川の形態の変化、つまり流れが緩くて砂のたまった淵から、流れが速くて大きな石がごろごろとした早瀬といった変化の中で、さまざまな生物が生活しています。そして、いろいろな環境があることによって多彩な生物が生活できるのです。これらは水の流れがそのような多様な環境をつくり出していて、それぞれの環境に合わせた多彩な生き物が進化してきたのでしょう。さまざまな地形と自由な水の動きがあれば、あるところでは水は岩盤や岩に当たって流路を変え、またあるところでは水がたまって淵のようになり、その下流側では落差が生じて瀬ができます。このような河川形態の変化は自由に水が動ける限りごく当たり前のものであり、川に住む生物は長い時間をかけた進化の過程で、流れの変化を前提とした生活様式を定めてきたのです。

水際は？
――水中と陸上をつなぐ複雑な環境

これまで紹介してきたのは水の流れに沿った方向の河川形態の変化ですが、流れに直角な方向の変化も忘れてはなりません。例えば、流れの速い瀬でも実際に水が速く流れているのは川の中央寄りの流心部と呼ばれる部分です。岸寄りの部分は流れが弱く、いわば淵に近い環境となります。そこに水草が生えていればいっそう流れが弱まり、砂や泥がたまって、ほとんど淵と変わらない状態となります。水草や岸辺の植物は、この軸の河川形態の環境要素として重要です。特に、水底に根を張り、茎や葉が水上に突き出ている水生植物や、陸上部から水面へ葉が垂れた植物体は、水中と陸上をつなぐ架け橋となります。草に止まって産卵する生き物や、茎に止まって羽化するような性質をもつ生き物にとっては、なくてはならない構造物なのです。これらのものは、陸上と水中をつなぐ重要な環境なのです。

川辺の中でも水際は相当に複雑な環境であり、そこは川の中央部とは異なり、早瀬であっても岸寄りの部分ではずいぶんと流れが緩くなっています。水際近くの流れの中には水生植物が生えていることが多く、植物の茎や葉や根の部分が存在することによって、岩や礫だけで構成された水底とはかなり違った環境になっています。これは深い淵の中央部でも早瀬の中央部でも見られない構造です。植物が生育すれば、そこには植物体がおりなす複雑な空間構造ができあがります。植物の葉や根があると水の流れも変わりますし、またそこは浮き石の場所以上に複雑なかくれんぼの場となります。水草の葉や茎にはいろいろな水生昆虫たちが止まり、葉の陰には魚が潜んでいます。

またそこでは、水底から水中へ、水面へ、そして空中までの空間が植物体によってつなげられていて、水底に住んでいる動物が水面付近まで利用できるのです。例えば、カワニナが水面に浮かんだ植物の葉にくっついて生活しているという具合です。植物は水際の陸上部にも生えています。そのような植物の葉や枝が水面に垂れることによって、まさに水底から陸上までの架け橋ができあがるのです。そんな水中と陸上をつなぐ構造体を利用して、水の中に住んでいたカゲロウやトンボの幼虫が陸上へ移動して羽化したり、それらの成虫が植物体をつたって陸上から水中に入って産卵します。そうした場所では、水中の生物が陸上の動物に食べられたり、あるいはその逆も起こります。少し高い場所の枝に止まっているカワセミが機をみて水中の小魚を捕らえますし、陸上の葉に止まっている小動物があやまって落ちると水中の魚に食べられてしまう、という具合です。

傾斜がとても緩い岸は、川の水位によって広く干上がったり水没したりします（**図3-5**）。石がごろごろしている河原や、ごく浅い流れが広がっているような場所がこれに当たります。そこは、海で言えば潮の満ち引きで海に浸かったり露出したりする潮間帯のようなものですが、太陽と月の引力で海面が周期的に上下する海岸とは異なり、降雨や日照りの状態によっていつ水没したり干上がったりするかわからない不安定な場所のため、植物は育ちにくいようです。そこは、浅瀬に幼虫が移動してきて石の上で羽化するカゲロウや、浅瀬で餌を探すセキレイなどの活動の場となっていて、利用している生き物も多くいます。子供たちが川の中へ入るのもこのような場所からでしょう。

一方、切り立った岸はたいてい岩盤で形成されていて、川の水位変動の影響は小さいのです。水際としてはかなり安定した環境ですが、斜面が急なため植物は生えにくく、そこでは水中と陸上の世界との接点は小さいようです。

さて、人が川岸に手を加えると、どんな水際になるのでしょうか。少し思いをめぐらせてみてください。岸はコンクリートか、よくても石積みの護岸です。その護岸が水底へどんな角度でたどり着いている

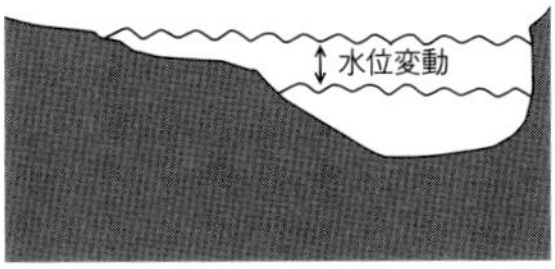

図3-5　岸際の環境

かといえば、かなり垂直に近いはずです。陸地面積を最大限にして、かつ川の流路面積を最大にとろうと考えれば、当然のなりゆきかもしれません。垂直の岸は、先の例では切り立った崖に相当し、生き物から見ると水中と陸上の接点の小さな場所です。その岸の陸側には、その水際とは関係のないところから持ち込んだきれいな花の咲く植物が植えられ、その先はサイクリングロード、ミニゴルフ場、ゲートボール場などの運動施設になっていることもあります。水辺でいろいろと楽しむのは気持ちがよいことでしょう。しかし考えてみれば、今挙げたような施設は水辺のそばである必要はないはずです。それらのために失われた水辺の価値は、人にとってもどれほど貴重なものでしょうか。垂直の岸では、川の中に入れない、釣りもできず、ザリガニや魚を探すこともできず、泳ぐこともできません。川がきれいとか汚い、あるいは魚や虫がいるいないにかかわらず、水辺、水際、そして川岸の利用法が人と川との間にまで壁をつくってしまったようです。

最近は、淵をつくろうとする場合（利水）も、瀬をつくろうとする場合（治水）も、水辺周辺まで含めて整備するようになってきました。これは、実は国の河川法に、利水・治水に加えて川の環境にも配慮する項目が加えられたからです。川辺の改変は、そもそも土手を強化し、あるいはつくり変えるところから始まりました。その土手も、最初は土を押し固めたり、土のうを積み上げる程度のものだったので、水辺の状態は従前の様子に近いものに戻ったと思われます。しかし、護岸にコンクリートが使われるようになってから、その状況は一変しました。つまり、草がほとんど生えない水辺に変わってしまったのです。それだけでなく、人も川へ入る道を開くことができなくなり、階段があるようなところだけが川へ近づける唯一の手がかりになってしまったのです。護岸のコンクリート化は植物ばかりでなく、人までも川から遠ざけてしまう改変だったのです。そして今、その反省か反動でしょう、各地で親水空間と名づけた水に触れることのできるような場所をつくり、水辺全体を「公園」のようにしようとしています。

少し横道にそれます。公園とは生き物の目で見ると、どういうところなのでしょうか？私も小さいときは公園でよく遊びました。私の息子も公園のお世話になっていました。家の近所の小さな公園には、ブランコがあったり、野球ができる広場がありました。静かな公園は、散歩コースになっていて、ベンチが置いてあり、木が植えてあります。時には小川をつくって、見た目にきれいなせせらぎが流れています。しかしそのような公園は、落ち葉はもちろんゴミのない場所、虫のつかない木、植えた植物だけが生えている土地、植えてない植物は育つことが許されない土地、です。つまり、公園はそんな管理された空間なのです。今このような公園のイメージの延長で、水辺がさらに改変されています。そのどこがいけないのでしょうか？　その答えは、そういう場所があまりに人工的なことです。もっと言えば、自然のしくみやサイクルを断ち切って、人が世話をし続けないと維持できない場所に変えてしまうことが問題なのです（正直に言えば「もったいない」と思います）。そこは生き物にとって、強制的に住まわされているような場所であり、場合によっては枝の伸び方や育ち方まで人の意に従うしかない場所なのです。そして、水辺の生き物にまで人の意（蚊はいてほしくない、錦鯉がきれい、などなど）を通そうとしています。そのような水辺の生き物たちの中でホタルはずいぶんと優遇されているように見えますが、実は一番の被害者かもしれません。

「平瀬～淵～早瀬」「流心～岸（土手）」といった環境が、その変化の程度の大小はあれ、セットになっているのが「川」の本来の姿です。そのようなさまざまな環境が繰り返し繰り返し、あるいはモザイク状に存在していることも重要なことです。例えば、淵に住む昆虫が流されてもその下には別の淵があるのです。瀬に住む動物にとっても、淵を渡って行けばまた次の瀬があることが保証されています。川に住むさまざまな生物はそれぞれに多様な河川形態があることを前提とした生活様式をもっています。また、川に住む生物群集全体は、少しずつ異なった環境に住んでいる水生昆虫や広い環境を利用する魚などが、生活場所を少しずつ重複させて、そこで互いに直接・間接的な関係を保ちながら維持されているのです。そして、それぞれの生き物はそのような複雑な生物群集の一員として生活するべく各々の技を磨いてきたものたちなのです。

川の中のゲンジボタルの幼虫
――淵から瀬になるところに幼虫の住む場所がある

ゲンジボタルの幼虫は前述した多様な川の構造のうち、どの部分を利用しているのでしょうか。ゲンジボタルの幼虫はイモ虫のような体型をしていて泳ぐことはできません。水底を歩くのもさほど上手ではありません。どうみても流れの速い瀬では生活しにくそうです。事実、幼虫は脅かすと丸くなって浮かぶ性質をもっていて、何かあるとすぐに流されてしまいます。したがって、流れの速さの点からは、ゲンジボタルの幼虫は流れの緩やかなところでないと生活できないのです。

淵の底には砂や泥がたまっていると紹介しましたが、ゲンジボタルの幼虫は石が埋もれてしまうほど砂や泥が多いところは苦手です。これは、自分で穴を掘って潜るのが上手ではないのに、石の下などに隠れる性質をもっているからです。そのため、砂や泥に穴を掘ることもできなければ、砂や泥にしっかり埋まっている石（はまり石）も利用できないのです。ですから、彼らにとっては下に隙間のある石（浮き石）が必要ですが、浮き石は周りの細かな泥を流し去ってくれるような流れのあるところでないと存在しません。ということは、ゲンジボタルの幼虫は大変ぜいたくな要求をもっているわけで、流されない程度に流れが緩くて、石が砂に埋まらない程度に流れのあるところ、という場所を必要としているのです。

そのような瀬でも淵でもないような場所が川のどこにあるのかといえば、それは淵から瀬への変化の途中にあるのです（**図3-1**）。あるいは、平瀬の岸寄りの部分にもあります。川筋の地形、川幅や水量などによって異なってきますが、水の流れの意のままに淵や瀬がある限り、必ず存在する場所なのです。

人の川への関わり方
――人はなぜ川に手を加える？

先ほど述べたようなゲンジボタルの生活に必要な環境は、自然状態の河川ではごく当たり前のものでしょう。しかし、今日の利水（水を上手に利用する）・治水（洪水を起こしにくい川にする）を目的とした河川改造および川の周辺整備が進む中で、川本来の環境の大部分が失われていることも事実です。人の川への関わり方について、私個人の意見をもう少し述べておきましょう。

人が最初に川に手を加えたのは利水を目的としたものでした。水を汲みやすいように、あるいは川で洗いものをしやすいように、川岸にちょっとした作業場のような構造をつくったところから始まりました。その段階では人は大雨のたびに洪水や増水が起こる暴れる川を恐れていましたし、またそんな川を制御する知恵も技術もありませんでした。このとき、人は川から離れたところや洪水が起こりにくいところで川と接しようとしていたようです。しかし、人がそれぞれの土地に執着し、生活が定住的になればなるほど、住居の近くの流れをなんとか安全なものにしよう、あるいはもっと利用しやすくしようと努力するようになっていきました。この考え方は今でも変わっていません。人が安全かつ便利に水を利用できるように、利水・治水のための多くの事業がこれまで行われ、またこれからも数多く進められることでしょう。

利水とは、水の有効利用を目的としたもので、どちらかというと、流れるという水の性質を止めて水の流れを悪くし、水をためてから利用することです。瓶や桶に水をためたことから始まって、今ではダムや浄水場、そして水道管の中に膨大な量の水がたまっていて、好きなときに利用できるようになっています。この便利さはもう手放せませんね。雨が少ない季節、あるいは水量の少ない場所で、どのようにして水をためておくかは人の生活に関わる重要な課題です。

一方、治水とは、暴れる川をいかに鎮めるかが目的で、自由奔放に流れようとする水を制御して、人の生活に被害を及ぼさない方向や場所のみに流れたりたまったりするようにしたり、あるいはたまっていて危なそうな水を速く流すようにすることです。

しかしこれらの利水と治水は、川に対する手の加え方が相反しています。典型的な例はダムです。利水のためのダムは常に水をためておくところで、たまった水はいつでも利用できます。ところが、水がいつもいっぱいたまっていますので、大雨が降ったときには、水をさらにためるほど貯水量を増やせません。ですから、治水目的のダムでは、大雨が降ったときに一時的に水をためられるように、普段は水を少なくしておかねばなりません。これでは水不足のときに利用する水が少なくなっていることがあります。そのために多目的ダムと称して、利水・治水の両方に効果のあるようにつくられたダムもありますが、どのくらい日照りが続くのか、あるいはこれからどれくらいの降雨があるのかを予測するのは難しく、ダムの水量調節を適切に行うことは実際には困難な場合が多いようです。そのため、大雨のときにがんばって水をくいとめていたダムの上流で洪水が起きたり、あるいはためていた水を突然放流して、下流で洪水が起こったりもするのです。そして、それはダムの操作ミスによる人災ではないのか、といった論議も起こります。個人的には、河川を改造したりダムをつくった時点で、それ以後の災害は人災だと思っています。ある面においで良かれと考えて川に手を加えた後で、その場所で別の災害が起こったり、あるいは予想もしなかった場所で災害が起こった場合も、予測の不十分さとして人災と考えられるからです。ただこの論議はあまり意味がありません。単に人手の加わっていないところでの自然現象による災害以外は、すべて人災としているだけのことだからです。残念なことに、狭い国土の日本では、いっさい人の手が加わっていない川など事実上ないでしょう。

ただし難しいことをいうと、「災害」というからには害を受けている主体が存在しています。それは人です。山奥で人知れず起こった崖崩れや雪崩は数知れませんが、それらはニュースの対象になりませんし、災害とも呼ばれません。同じ崖崩れや雪崩でも、人命に関われればそれはもちろん災害ですし、田畑や植林地に及んでも、それで生計を立てている人がいれば災害となります。天然林でも、それがレクリエーションの対象地であれば災害となるでしょう。少し長くなってしまいましたが、川の話に戻ります。

利水のために川を堰《せき》止めることは古くから行われてきました。例えば、田んぼへの水を確保しやすくするために堰をつくって川の水位を高く保つ、舟が行き来できるように水制（川岸から築いた突堤のようなもの）を設けて川の流れを悪くして水深を深く保つ、あるいは特定の場所への川の水の勢いを抑えるというようなものです。このような人の行為は、川に住む生物に対してどのような影響を与えてきたのでしょうか。この行為は、水の流れを制して流れの緩い淵をつくることです。淵に住む生物にとっては、住み場所が増えてありがたいことでしょう。水制の場合は川の流れを悪くしているだけなので、舟が上へ下へ航行できるように、魚などの移動も自由です。しかし、川全面を堰止めた場合は、舟や魚の移動は困難になります。その最たるものがダムで、魚はまったく上流へ上がることができません。だから魚道をつくったり、穴あきダムをつくったりしますが、その効果のほどはさまざまなようです。

淵は水の流れが緩く、自然と土砂が堆積します。砂や泥がたまることによって、川底の岩や礫が埋まってしまいます。このことは水中の生き物に大きな影響を与えます。淵では流れが緩いので、川底の上にもいろいろな生き物が流されることなく生活できます。しかし、岩の下や礫の間は埋まってしまうので、自分で穴を掘れるような生き物か、泥の表面付近で生活する生き物以外は利用できなくなってしまいます。一方、流れの速い瀬では泥や砂が水流でたえず運び出され、川底の水流の力では動きにくい大きさの礫や岩が残されます。多少流れの遅い平瀬では礫底《れきてい》となり、流れの速い早瀬では岩盤や大きな岩だけが残されるのです。どちらの瀬も浮き石となっている岩や礫が多く存在します。そのような岩の下や礫の間には、実にたくさんの生き物が住んでいます。流れの早い場所では、水底近くの岩や礫の上には流れに対して抵抗性のある（流されにくい）生き物が住んでいます。何層にも重なった浮き石の下の方では、流れが緩くなるので、流れに弱い生き物でも生活できます。さらに、下層の方でもっと流れが緩くなると、砂や泥が流されずにたまって、そこでは礫ははまり石となっています。つまり強引な言い方をすると、瀬には瀬から淵までの構造があると言えますが、淵には淵の構造しかないということになるでしょう。そのため一般的に、瀬に住む生き物の種類や数は多く、淵に住む生き物の種類や数は少ないのです。多様な生き物の住み場所となる浮き石が多い瀬の部分を淵のような構造に変えてしまうと、岩や礫はすべて砂や泥に埋もれてはまり石となってしまい、生き物が利用できる物理的空間が少なくなるのです。

一方、治水目的の工事では、水を速く流すように手が加えられることも多くあります。このことは瀬の部分を増やすことになり、かつては川全体の生き物がにぎやかになったに違いないでしょう。しかし、昔は川の上流から下流まで全域を瀬のような構造にするだけの技術（あるいは人手とお金）がなかったので、瀬になった場所の下流側では少しずつ砂がたまり、やがて落差のある早瀬ができ、その下流は掘り込まれて淵が形成されるというように、川の全域が瀬として維持され続けることは幸いなことになかったと考えられます。つまり、流れを速くする工事は瀬の位置が一時的に変えられただけと言ってよいでしょう。

ただそのような行為の過程で、特定の部分の川岸を強化すること（土手固めや護岸）によって、川の流路や形状が固定されて、瀬や淵の位置も固定されることが多くなってしまいました。そうなると、土手が決壊して洪水が起こる場所も固定されるので、そこの土手をさらに強化したり、その場所の疏水性《そすいせい》（水の流れ具合）をよくするために河床の掘り下げや河道の平滑化を重点的に行うようになります。このようなことを繰り返しているうちに、瀬や淵といった流れの変化が失われてしまったようです。さらに、疏水性をよりよくするために、砂州や中州に生えているヤナギなどの樹木を切り払ったり、中州そのものをなくしてしまったり、あるいは川の中の岩や礫を取り除いたりすると、やはり多様な生き物の住める場所が減ってしまうのです。

このような人の行為はゲンジボタルの幼虫にとってはどうなのでしょうか？　先ほど彼らの要求はなかなか難しいと書きました。というのは淵でも瀬でもない、浮き石があって流れの遅いところが必要だからです。それは淵から瀬への移行部分にあります。つまり、ゲンジボタルの幼虫は「瀬と淵どちらもあってほしい」とぜいたくなことを言っているのです。

川の上流から下流への環境
――「きれいな」上流、「汚い」下流

川の瀬淵構造や横断方向の環境の多様性について説明してきましたが、川にはもう一つ忘れてならない特徴があります。それは上流から下流への変化です。

人の活動による汚れは別として、有機物の量からみると、川の上流はきれい（有機物が少ない）で、下流は汚れているのが当たり前です。この川の上流から下流の範囲で、実際にゲンジボタルはどこに生息しているのでしょうか。ゲンジボタルは海に近い下流部にも、また山の上の源流部にもあまり生息していません。このことは水質との関連でいうと、ゲンジボタルは汚濁していない（＝山の湧き水のように有機物の少ない）水域にも、汚濁した（＝河口のあたりの有機物の多い）水域にも住んでおらず、その中間の水質のところに住んでいることになります。つまり、少し汚れた、しかしひどく汚れてはいないところに住んでいるのです。ゲンジボタルは「きれいな水」の指標生物として扱われることが多いのですが、実は「ほどよく汚れた水」の指標生物というのが正しい表現でしょう。

ところで、水が「きれい－汚い」という言葉の中には、いくつかの意味が含まれていて、ときどきこの意味のすり替えや混同が生じているように感じられます。

一つは、今紹介した有機的な汚れです。川は、特に人が介入しなくても、水源地から海までの間に徐々に有機物が流入し、その水質は富栄養化（有機物の量が増えること）するのです。有機物のほとんどは生物の栄養源となるので、一般には有機物が多い方がたくさんの生き物が生活できます。ただし、有機物が多くなりすぎると、それらがヘドロ化して水底にたまり、水中の酸素が不足したりメタンガスが発生する場合もあります。もう一つは、農薬や洗剤など人造の化学物質の流入による化学的汚染です。このような物質のあらかたは生物による分解を受けにくいばかりでなく、生物に有害なものもあり、時として水中の生物を全滅させてしまいます。とはいえ、暮らしの中では何が含まれているかもよく知らずに食べたり、便利さゆえに使っているものもあるでしょう。いずれにせよ、これら有機的・化学的な汚れは、ヘドロがたまっている、あるいは界面活性剤で泡がたっているような場合を除くと、一般には目に見えないものです。

一方で、「きれい－汚い」系列のもう一つの側面は視覚的な問題です。例えば、ゴミがたまっていたり、草がぼうぼうに生えていると汚いと感じることです。これは先の有機的・化学的な汚れと対応はしていませんが、人にとってはけっこうインパクトがあります。そして、「水辺をきれいに」というと「川底の掃除」「空き缶の除去」「草刈り」などの行為と結びついてしまう場合が多いのではないでしょうか。もちろん、私も度を越した量のゴミはいやですが、時として川の中の空き缶は魚やザリガニの住み場所になります。生き物たちは、そういう場所が少ないから空き缶まで利用しているのでしょう。このように生き物たちは川の中でゴミも利用しているというのに、「川をきれいに」とはいったいどういうことをするのがよいのでしょうか？

ゲンジボタルが住むのは上流？　下流？
――ゲンジボタルは中流が主な生息場所

繰り返しになりますが、ゲンジボタルの生息場所は水質だけで決められているわけではなく、水質が主な要因であるとも言えません。むしろ、森の中を細く速く流れる上流、林縁を緩やかに流れる中流、開けた平野をゆったりと流れる下流といった、周囲を含めた河川環境が生息できるかを決めているのです。

では、なぜ一般にゲンジボタルは上流部には住めないのでしょうか。一つは水質と関連して有機物が少ないために、餌となるカワニナが多く生息できないことによります。それだけではなく、上流部は流れが速く、流れの緩い淵も小さいので、ゲンジボタルの幼虫のように流されやすい生き物の生息には不向きなのです。また、川面の上を木の枝がかぶさるように張り出していると成虫が飛び回りにくいなど、いくつもの不利な条件があってゲンジボタルが生息できないようです。

もう一つ、ゲンジボタルが下流部に住めないのはなぜでしょうか、という問いの方が実は難しいのです。海水の影響を受けるほど海に近い場所は別として、中流域と下流域との間にどのような環境の違いがあるのでしょうか。この答えは、まさにゲンジボタルとその生息環境について議論した結果として明らかになるものでしょう。ゲンジボタルが生息してもよさそうな中流域に実際にはいないという場所も多くあります。そのような場所は、例えば水質などに問題があって生息できないのか、水質は問題がないものの、河川環境が自然の中流域とは異なったものになっているために生息できないのかをはっきりさせなければなりません。そのためにゲンジボタルの生活様式をよく調べて、彼らの生活に必要な河川環境がそろっているかを判断できるようにしなければならないのです。

「ホタルはきれいな水に住む」はうそ ——いつから生まれたイメージなのか

ところで、ホタルの季節になると、どこかでホタルが戻ってきたというニュースが目に入ります。そして、水質がよくなったからとか、環境が改善されたからというコメントがあることも少なくありません。不思議と今の日本人の多くは、「ホタル」が住む場所として「きれいな水」であることを連想するようです。このイメージは昔からあったものでしょうか？　正確な時代的検証は難しいのですが、どうも昔からではないようです。特に1950〜1960年代の日本の高度成長期にホタルが急激に減り、と同時に、気がついたら川が汚れていて、多くの川がドブ化していました。こんなに川が「汚れて」いてはホタルも魚も「住めない」と認識される一方、まだ「汚れていない」川にはホタルが「残って」いたことから、「汚れた水にはホタルが住めない」が転じて、「ホタルはきれいな水に住む」となってしまったようなのです。つまり、「ホタル」と「きれいな水」というイメージはそのころからできたものと言ってもよいのではないでしょうか。

1989年に環境庁（現環境省）が「ふるさと いきものの里100選」をまとめました。身近な自然の復元の象徴となっている小動物（鳥などを除く）とその生息環境の保全・回復を図る地域的活動を行っている場所を全国から募集し、302カ所の応募から119カ所を選んだものです。なんとそのうち70％がホタルを主要な生き物として扱っていたのです。ちなみに、ホタルのことにまったく触れていないものは24％でした。私個人としては、このホタルの盛況ぶりを素直に喜んでよいものかわからず、正直なところ困惑しました。

まず気になったのは、「水に住む生き物」と「陸に住む生き物」の人気の差です。ホタルに限らず、水域の生き物だけを対象にしたところが82％もあったのに対して、陸上生物のみを対象にしたのは15％だけでした。このような違いはどうして生じたのでしょうか？陸上で対象となった生き物はオオムラサキ8例、ギフチョウ4例、チョウセンアカシジミ3例、トウヨウヒナコウモリ1例などでした。自然観、生物観に関わることだけに大変興味深いところですが、その分析は難しいことです。勝手な解釈を述べるならば、川や池といった水域の生き物の方が扱われやすいことが挙げられます。それは生き物そのものの問題ではなくて、住んでいる場所の空間的配置によるところが大きいと思われます。つまり、陸上は連続的で、ここだけにしかいない、という小地域的限定をつけにくいのです。ところが、川にせよ池にせよ水域の場合は、特定の場所であるので限定しやすいのです。これがかなり大きな要因になっているように思われます。ただし、「琵琶湖の」とか「霞ヶ浦の」といった大きな水域の生き物を扱ったものはありませんでした。ある「地域」の人たちが見守ることができる面積に限界があるのは事実でしょう。

次に気になったことは、水域にはたくさんの種類の生き物が住んでいるにもかかわらず、その中でなぜホタルなのか、という点です。ちなみに、ホタルに次いで多いのがトンボで、全体の11％の場所に登場していました。ここで選ばれた生き物の特徴は、イトヨなど3例を除けば、水の中に入らなくても陸上からその存在が確認できる対象であることです。ホタルにしてもトンボにしても、「見える」あるいはその存在を「認識できる」のは、陸上生活をしている時代の成虫です。親がいるからそこの水の中にその子が住んでいるという認識が得やすいことに利点があるのでしょう。

３つ目は、森を守ることよりも、水を守ろうという意識の強さでしょう。それは、これまでに水を「汚して」しまったという自覚の表れである一方、「森」や「里山」の状態に対する認識の乏しさを示しているのかもしれません。

それにしてもホタルの人気ぶりには、多少なりとも頭をかかえてしまいました。ホタルさえなんとかなれば、ほかの生き物は多少犠牲になってもよいという風潮が生まれてこないか、それが心配でした。ホタルはあくまで水辺に住む生き物の一つにすぎません。場所によってはホタルがいない方が健全な場合すらあり得るでしょう。ホタルはあくまで水環境を考えるきっかけ、と私自身は考えています。ですので、その場所や環境に適した生き物たちがバランスよく生活しているのが理想だと知ってもらえたら、嬉しい限りです。

指標生物、ホタル
――環境省も「少し汚れた水域」の指標に

ホタルが脚光を浴びるようになった要因の一つは、「指標生物」という生物を用いて水質を評価する手法が広まったことにもよるようです。指標生物というのは川などの汚れを判定する際に、化学的な水質測定値の一つ一つの値に頼るのではなく、水の中に住んでいる生物の種類や数によって、その水質を総合的に判断しようという手法です。かつてレイチェル・カーソン著『沈黙の春』（新潮文庫）や有吉佐和子著『複合汚染』（新潮文庫）が出版され、多数の化学物質による複合的汚染の危険性が指摘されました。一つ一つの化学物質の濃度は低くても複数の化学物質が存在していると、さまざまな弊害が生ずる場合もあることが指摘されたのです。その弊害の有無について、いわば毒物の存在を水槽の金魚に確かめさせるがごとくに、「水」に住んでいる生物に頼ろうというのが「生物学的水質判定」だったのです。

このような生物を用いた水質判定が広まったのは1970年代以降です。日本で広く用いられている大型底生動物（水中や水辺に住んでいる貝やエビ、カニ、水生昆虫など目につきやすい生き物のこと）を用いる生物学的水質判定は、津田松苗氏がヨーロッパで行われていた手法を改良して紹介したものです。

川などの水域では生物による水の浄化という活動があり、化学的成分の分析だけでは水の評価が難しいのです。この生物（正しくは微小生物）による浄化能力などを左右する生物群集の状態を調べるのが生物学的水質判定です。ただし、微小な生物（バクテリアなど）は見えにくいですし、また正確に調べるためには培養などの高度な技術や施設が必要なので、手法として一般的ではありません。そこで、肉眼で観察可能な大型の水生生物（主には水生昆虫）を調べて、生物群集の全体像を類推しようという方法が生まれてきたのです。これは、微小な生物が有機物などを利用して増え、それを中型の生物が食べ、それを大型の生物が食べ、生物の死骸を微小生物が分解する、という食物連鎖や食物網がそれぞれの場所の環境に応じてできあがっていて、大型・中型の生物を調べれば小型の生物のことも類推できるという考え方に立つものです。その考え方の中で、それぞれの生物がどの程度の「汚れ」の水域に生息するのかという表がつくられました（**表3-1**）。例えば、ゲンジボタルは清浄（貧腐水性）からやや清浄（β中腐水性）な水域に住み、ヘイケボタルはやや清浄（β中腐水性）からやや汚濁（α中腐水性）な水域に住む、という具合です。そう、ゲンジボタルなどは「きれいな」水域ではなく、「少し汚れた」水域に住む生物なのです。

その後、生物学的水質判定では、環境省により指定された全国各地に生息し分類が容易な約30種類の「指標生物」を利用した4段階の水質階級（**表3-2**）により、それらの種類が住んでいるかどうかを水質判定の基準とする方法が小学校でも教えられるようになりました。その代表生物の一つがホタルです。たしかにそれぞれの種類の生物は、生活していく

水生動物の種類	水質階級			
	貧腐水性	β中腐水性	α中腐水性	強腐水性
	清浄←			→汚濁
サワガニ	＋＋			
ヘビトンボ	＋＋	＋		
ヒゲナガカワトビケラ	＋＋	＋		
カワトンボ	＋＋	＋＋		
ゲンジボタル	＋	＋＋		
カワニナ	＋	＋＋	＋	
オニヤンマ		＋＋	＋	
オオシマトビケラ		＋＋	＋	
キイロカワカゲロウ		＋＋	＋	
ヘイケボタル		＋	＋＋	
ギンヤンマ		＋	＋＋	
シオカラトンボ		＋	＋＋	＋
タイコウチ		＋	＋＋	＋
アメリカザリガニ				＋＋
サカマキガイ				＋＋

表3-1　川の指標生物の例

引用文献13より引用・改変

うえでこんな条件では住めないという限界をもっています。しかし実際には、限界ぎりぎりにまで生活の場を広げている生物はほとんどおらず、むしろその種類にとっておだやかな（好適な）環境にだけ住んでいるものです。したがって、それぞれの生き物の生息範囲は限界値ぎりぎりではなくて、それぞれの生物にとって好適な水質環境のところと考えた方がよいでしょう。そのため、ある種類がいないからといって、そこの水質はその種類が住めないものであると判定するのは間違いなのです。とはいうものの、見つけやすい水生生物を対象にした「指標生物」の方法は、水の汚れの程度を簡単に知ることができるという点では画期的でした。

水質階級・水質	種類数	指標生物
水質階級Ⅰ　きれいな水	10種類	アミカ類、ナミウズムシ、カワゲラ類、サワガニ、ナガレトビケラ類、ヒラタカゲロウ類、ブユ類、ヘビトンボ、ヤマトビケラ類、ヨコエビ類
水質階級Ⅱ　ややきれいな水	8種類	イシマキガイ、オオシマトビケラ、カワニナ類、**ゲンジボタル**、コオニヤンマ、コガタシマトビケラ類、ヒラタドロムシ類、ヤマトシジミ
水質階級Ⅲ　汚ない水	6種類	イソコツブムシ類、タニシ類、ニホンドロソコエビ、シマイシビル、ミズカマキリ、ミズムシ
水質階級Ⅳ　とても汚い水	5種類	アメリカザリガニ、エラミミズ、サカマキガイ、ユスリカ類、チョウバエ類

表3-2　水質階級と指標生物の関係

引用文献4

上陸幼虫は「きれいな」土手がきらい
――幼虫は落ち葉が積もってできるような腐植土が好き

ホタルの話に戻りましょう。春の雨の夜、サナギになるために上陸したゲンジボタルの幼虫は川岸をどんどん登っていきます。時として川から10m以上離れたところまで歩いて行くものもいますし、崖のかなり高いところまで登っているものもいます。潜り込むのに適当な場所がないと、どんどん先へ進んでいくようです。

上陸した幼虫は、小石や枯れ枝、草の茎、樹木の根、あるいは枯葉などと地面の間の隙間を利用して土中に潜っていきます。自分で土をかきだして穴を掘ることはできないので、上陸幼虫には隙間の多いふかふかした土が必要なのです。河原のように石がごろごろしていて、その下の土がしっかりと固まっているような場所では土中に潜り込めません。

上陸幼虫を飼育したときに、蛹化のための飼育容器として小さな円筒形プラスチックケース（直径3㎝、高さ5㎝）を使いました。小さな容器の中でうまくサナギになってくれるかどうかが心配でした。そのときに気がついたことは、土を入れただけでは幼虫は土の中に潜れない、ということでした。ケースの壁との隙間を利用できたものはよいですが、そうでないといつまでも表面でうろうろしていたのです。しかたがないので、容器内の土の中央に穴をあけておくとそこへ潜り込んで土繭をつくり、サナギになりました。つまり、上陸幼虫には何か潜り込むきっかけになる場所が必要なのです。

また、サナギになるためには幼虫が潜り込める場所だけでは駄目です。その先に土繭をつくるための空間が必要です。地中に潜り込んだ幼虫は、自分の体で周りの土を押しのけて土繭をつくる空間を確保します。そのためには、ひ弱な幼虫でも押しのけることができるようなふかふかした土が必要なのです。

上陸してから土繭が完成するまで、潜り込んだ場所の湿度がうまく保たれているかどうかも、幼虫にとっては死活問題です。土繭ができてしまうと、いわば密閉した箱の中に閉じ込もった状態になるので乾燥にも強くなります。しかし土繭の完成以前に周囲が乾燥してしまうと、幼虫自身も干からびてしまいます。地面の表面は乾燥していても土中は案外湿っていますが、土中の湿り具合は地表の状態に大きく左右されます。地面に草がたくさん生えていたり、落葉が積もっている場所では、雨が降らなくても土は相当に湿った状態を保っています。ところが、地面の上が「きれい」になって、地肌が露出しているような場所では、地表面の乾燥が早いばかりでなく、土中の乾燥も早く進みます。このように、上陸幼虫が地面に潜り込み、土繭の空間を確保して、土繭ができあがるまで生き延びるためには、川岸の地表面に落葉や小さな枯れ枝などがたくさん落ちていて、そこがふかふかした腐植土となっていることが必要なのです。

その工事、人のため？　ホタルのため？

今日の川の多くは護岸整備が施され、川岸がコンクリートで固められています。さらに川の横を道路が通っていると、コンクリート護岸からすぐにアスファルトの道へと続きます。また、川の周囲に草花や樹木が植えてあったとしても、たいていはそこの地面は枯葉一つないほどに「きれい」にされていて、土がかなり締まった状態になっています。こんなところでは上陸幼虫が土中に潜り込めません。なにしろゲンジボタルの幼虫はドリルやシャベルを持っていないのですから。

周りがこんな状態では、上陸した幼虫は潜り込む場所を探して、コンクリート護岸の上、あるいは舗装された道路の上をかなりの距離の旅をしなければならなくなります。長旅の途中、中休みをする場所がなかったり、どこまで行ってもサナギになるためによい場所が見つからなかったりと乾燥してしまう危険がいっぱいでしょう。

川岸をコンクリートで固めて護岸を整備するのは、洪水対策が中心と聞きます。川岸が土であると大水が出たときに崩れやすく、水際や川岸に草や木が生えていると水の流れを悪くする、というような理由によります。さらに、いったん崩して全面的につくり直す方が工法的にも簡単ですし、その後の管理も楽ということもあるようです。

しかし、これがホタルの上陸幼虫によくないことは、ここまで何度も述べた通りです。そこで、少しでもホタルの蛹化の助けになるような護岸の工法はないものかという考えで始められたものの一つが、蛇篭《じゃかご》を応用した「ホタル護岸」です。蛇篭は大きな金網の袋の中にたくさんの石をつめて一つのブロックのようなものとし、それをブロック工法のように積み上げて護岸をつくる方法です。蛇篭自体は古くから用いられてきた工法であり、中国では2000年前に竹を用いた蛇篭が、また日本でも安土桃山時代以降から広く利用されるようになったそうです。鉄線蛇篭は1909年以来の工法とされています。護岸に蛇篭を用いると、石の間に土がたまり、やがて草も生えてきて、幼虫が潜りやすい場所が確保されます。蛇篭を設置すると魚も増えるようです。最近はホタルだけでなく魚のために魚巣ブロックも考案され、実用化されています。これらの蛇篭を用いた護岸は、生き物のことを気遣ったものとしてかなり早くから再評価されていたものです。

その後、蛇篭に代わってホタルブロックなるものが登場してきました。が、またまたコンクリート化です。基本的な考え方は蛇篭に近いのかもしれませんが、もっと積極的に護岸に土の部分を設けようというもので、箱のようなブロックをつくり、そこに土砂をあらかじめ入れておき、草の植えつけや種子散布までするという念の入ったものです。まさにホタルのため、それもサナギになるために上陸してきた幼虫のものであり、治水とホタル以外のことはほとんど考慮されていないものとも思えます。しかも、それがホタルブロックという名で産業ベースに乗っているというから驚きです。ホタル様様ですね。

蛇篭にせよ、ホタルブロックにせよ、実はその工事のやり方が問題です。できあがりはたしかによいでしょう。しかし今の工法は大型重機に頼っていて、かなり破壊的な工事を行います。高い人件費がその理由とのことですが、「本当に望むものは何か」がしっかりと確認されていれば、それはお金の問題で制限されてはならない場合があるでしょう。重機が入れば、川でも丘でもたちどころに変貌してしまいます。また、重機が入るためにわざわざ道をつくることがしばしばあります。一度その場所を大改変してから、完成予想図を目指してつくり変えていくのです。完成したあかつきには一見以前からあったような流れや、ホタル護岸などが復元されます。そう、それは復元でしかありません。さんざん痛めつけておいて、生き物にどうぞお住みくださいと言っても、もうそこには生き物がいないケースが少なくないでしょう。これは、工事のできあがりばかりに気をとられ、工事の過程で何が起こるのかについて目が向いていないからです。小規模の工事なら、運がよければその上流や下流に退避した生き物たちが再移住してくることもあるでしょう。しかし同じ川に対して、区間は違えども毎年のように工事が行われていることも少なくありません。これは、起き上がろうとする傷だらけの戦士にムチを打つようなものです。度重なるダメージには、いかなる生き物でも抵抗に限界があります。

いろいろな人の側の要求に応えた改変は、生き物に対してどのような中・長期的な配慮がなされているのでしょうか。機会があるたびにさまざまな立場の人に尋ねてみますが、私個人が納得する説明を聞いたことはありません。特に不定期に洪水が起こる河川では、むしろ生き物への中・長期的な配慮は不可能といった感じの諦め、あるいはそれを放棄しているように受け取れることが少なくありません。さまざまな立場からの求めに関して、それぞれの地域で総合的に議論されることを切に望みます。

街中の川にはホタルは少ない

ホタルがいなくなったのは水が汚れたためだとよく聞きますが、それだけではありません。実は市街地周辺ばかりでなく、かなりの山間部の川まで、ゲンジボタルの幼虫には生活しにくそうな環境が目につきます。それはゲンジボタルの幼虫の生息環境の物理的な側面で、水質とは関係がありません。京都市の中心を流れる鴨川や高野川では、市街地を一歩離れるとゲンジボタルが住んでいます。ところが、あるところを境に突然ホタルがいなくなるのです。その境目にダムなどの大きく川の環境を変えるものがあるわけではありません。ただそこから下流は毎年のように冬から春にかけてブルドーザーなどの大きな重機が入り、河床の整地をしているのです。その下流の三条大橋や四条大橋の上から鴨川を見ると、左右の両岸いっぱいまでまったくの人工美と言っていいほど均一な流れとなっています。見ようによってはきれいなせせらぎで、その中に入って鮎釣りをしている人もいます。両岸とも護岸整備が施されていて、特に右岸ではカップルが憩います。平和で、言うことのない景色のようですが、実はそこに問題があるのです。これが川なのか⁉ と、ふと思うのです。水草がまったく生えていない、中州もない、早瀬もなければ、淵もない。堰堤《えんてい》の落ち込みだけが唯一の流れの変化です。川岸には草もほとんど生えていません。花見を楽しめる程度に桜がポツンポツンと植えられているだけで、落葉もきれいに掃除されています。どう見ても大きな水路であって、「川」ではないとしか思えません。

ブルドーザーが入って河床をかき回すのでホタルが住んでいないのか、水路化された流れだから住めないのか、その原因を特定することはできません。しかし、そのすぐ脇の白川にはゲンジボタルが住んでいて、重機による河床の掃除が行われていないところには彼らが見られることも事実です。

ゲンジボタルは「川全体」の指標生物

ゲンジボタルは水質の指標生物の一つと紹介しました。しかし、川に住む生き物は、その場所の「水質」だけに対応して生活しているのではありません。それぞれの生き物が水環境（水質＋流れ方＋水底の構造＋水辺の構造＋……）の状態を総合的に評価しているのです。「水質」は合格でも生物が正常に生活できない場合もあり得ます。ゲンジボタルの場合、3面コンクリート張りの水路で、砂も石もないようなところには一般に「住めない」でしょう。なぜならば、ゲンジボタルの生活には、幼虫が潜り込めるような石などが必要だからです。ゲンジボタルの幼虫は川底で生活しているので、水質だけではなく、その川底の構造的な状態をも評価する、いわば「川底の指標生物」と言えます。

一方、ゲンジボタルのサナギや成虫の生活は水質に直接左右されてはいません。これは、サナギや成虫が水中で生活していないからです。ゲンジボタルは川の土手の土中でサナギになるので、サナギはいわば「土手の指標生物」、成虫は川岸で生活しているので「川岸の指標生物」とみなすことができます。したがって、ゲンジボタルは種としてみたとき、水の中も土手も川岸も含んだ「川全体」の指標生物と言えるのです（図2-1参照）。

カワニナの生活環境

ゲンジボタルの話ばかり紹介してきましたが、その幼虫の餌となるカワニナ類のことも考えなければなりません。しかし残念ながら、野外でのカワニナ類の生態は未知の部分が多いのです。

私自身の経験に照らし合わせると、カワニナ（以下、チリメンカワニナあるいはマルカワニナを指すことにします）の成貝（親貝）と仔貝の住んでいる場所は少し異なっているようです。小さなカワニナは多少浅い場所の礫の上や岸付近の植物の葉や茎についている場合が多く、大きなカワニナは比較的大きな礫のあるような場所や砂泥底にいることが多いようです。ただし、この点についても今後の調査が必要です。というのは、仮にホタルを保護することを考えた場合、カワニナが集団として生活できるような環境のセット、つまり小さなカワニナにも大きなカワニナにも適した環境など、複数の環境が必要となるからです。そのような環境のセットがそろっていないとカワニナの集団が維持できないのでしょう。

当たり前のことですが、ゲンジボタルが生活するためには、カワニナの生活が保証されていなければなりません。それは、1匹1匹のカワニナが生きていければよいというものではなく、その種のある地域の集団（個体群）が集団として何世代にもわたって維持されなくてはならないからです。多少食べられたり、洪水などで流されたりしても、それを回復するだけの集団としての力をもち、かつ、その力を発揮できる環境がそろっていなければならないのです。

カワニナとホタルの生息場所の微妙な違い

人はいろいろな知恵や技術をもっていて、例えば栗林の林床に落ちている栗を全部採ってしまうくらいわけのないことです。仮にゲンジボタルの幼虫が狩りの上手な動物であり、さらにゲンジボタルの幼虫がたくさんいた場合、人が栗を採るようにカワニナを襲ったとすれば、カワニナはすぐ食い尽くされて全滅してしまうかもしれません。そうなると、餌がなくなったゲンジボタルの幼虫も全滅してしまいます。しかし、たいていの場所で毎年ゲンジボタルの成虫が発生してくることから、そのようなことはまず起こっていないことがわかります。

なぜでしょうか？　一つにはゲンジボタルの幼虫がそれほど上手な狩人でない、ということが挙げられます。幼虫はそれほど敏捷な動物ではないし、視覚や嗅覚が特に発達しているようにも思えません。どちらかというと、行き当たりばったりで餌をとっているように見えます。もっとも、餌のカワニナの方はもっとのろまな動物なので、ホタルの幼虫はそれでも十分なのかもしれません。

もう一つは、ゲンジボタルの幼虫とカワニナの住んでいる場所が少し異なっているということです。ゲンジボタルの幼虫は浮き石のある流れの緩いところに住んでいます。一方カワニナは、もっと流れの緩い泥底から流れの速い瀬の部分までかなり広い場所を利用しています（**表3-3**）。つまり、ある部分のカワニナはゲンジボタルの幼虫に襲われない場所で生活していると言ってもよいでしょう。というよりも、ゲンジボタルの幼虫がカワニナの生息域の一部分を利用していて、ごく一部のカワニナを襲うことができると考えることができます。

これも大事なことで、ゲンジボタルの幼虫が生活している場所は、カワニナの生活の中心になっている場所とは異なっているのです。なぜならば、カワニナの生活の中心を捕食者に荒らされると、カワニナ自身が減ってしまうからです。ゲンジボタルの幼虫がカワニナの集団の

ゲンジボタルの幼虫		底質			
		砂	砂礫	砂利	小石
流速	少し速い	×	×	灰	点刻
	遅い	点刻	黒	灰	点刻
	大変遅い	点刻	灰	灰	灰

カワニナ		底質			
		砂	砂礫	砂利	小石
流速	少し速い	×	×	点刻	点刻
	遅い	黒	灰	灰	点刻
	大変遅い	黒	黒	黒	灰

表3-3　ゲンジボタルの幼虫とカワニナの生息場所の違い（清滝川、2～3月）

黒：生息数が最も多い。灰：生息数が中程度。点刻：生息数が少ない。×：生息していない。

引用文献15より引用・一部改変

一部分だけを利用していると、カワニナの集団を壊滅させることなくゲンジボタルの幼虫も成長することができるのです。

したがって川の中には、ゲンジボタルの幼虫にとっては住みづらくて、カワニナは利用しやすい場所が必要です。ゲンジボタルの幼虫はカワニナがたくさんいても食べられないのは悔しいことかもしれませんが、別の場所でどんどん増えてくれて、その一部のカワニナがゲンジボタルの幼虫の住んでいる場所に入ってきてくれる方が、長い目で見れば捕食者集団と餌集団の両方がいつまでも同じ川に住んでいられるのです。このように2種類の生き物が生活していくためには、川の構造が多様であることが必要で、さらにたくさんの種類の生き物が生活していくためにはもっと多様な構造が必要となるのです。

ところで第2章で、幼虫がカワニナを捕食する際には、カワニナの殻の中に入り込み、自分の体で貝の口部に蓋をすると紹介しました（**図2-10参照**）。そこで想像してみてください。幼虫はどこにもつかまっていません。なので、流れがあるとカワニナごとコロコロと転がって流れてしまうはずです。流れのある川に住むゲンジボタルの幼虫はカワニナを食べている間に、どのようにして流されないようにしているのか、不思議でなりません。

カワニナがいてもホタルはいない

カワニナとゲンジボタルの幼虫の住む場所が異なっているということは、視点を変えれば、カワニナは住めてもゲンジボタルの幼虫は住めない場合があることになります。

例えば、3面コンクリート張りの流れの速い水路や泥ばかりの水路が挙げられます。カワニナは流れがかなり速いところでも流されずに生活できますが、ホタルの幼虫はそうはいきません。川底に礫がないような状態では隠れる場所もありません。もっとも3面コンクリート張りの水路にゲンジボタルの幼虫がいないというわけでもありません。田んぼの脇の水路にゲンジボタルが住んでいることもままあります。ただそのような場合、水路の流れが緩く、水路内には礫や枯葉、板切れ、プラスチックの破片などが随所にたまっていることが多いようです。そのようないわゆる「ゴミ」の下に幼虫が隠れているのです。やはり、ほかには行くところがないからでしょう、数少ない川底の異物の下に集まっているのです。そんな場所にはホタルの幼虫ばかりでなく、カワニナも潜り込んでいますし、トビケラの幼虫やカゲロウの幼虫、ユスリカの幼虫など、いろいろな生き物が一緒にいたりします。まるで、みんなで難を逃れているかのごとしです。

人は水を速く効率よく流すために水路を直線化し、水の流れを妨げる「ゴミ」を掃除しやすいように底も固めてしまいます。コンクリート製の川底は、人にとっては大変ありがたいものです。農家では田んぼの作業を始める季節の前に、まず田んぼ周りの水路掃除をします。そうしないと田んぼにうまく水が入らなかったり、水が抜けなかったりするからです。この水路掃除には大変な労力がかかりますが、底がコンクリートになっていると、たまっている泥やゴミの量も少ないし、スコップでかき揚げるのも楽です。このように作業を少しでも軽減する工夫は人の生活にとって重要な課題です。ただそのために犠牲にしているものがあります。労力軽減などを徹底した利便性や、身の周りの安らぎをもたらしてくれるものも大事かもしれませんが、人にとって何が必要なのか考える必要があるでしょう。これまでの人為的改変が行われたところではそのような点について議論が十分ではないように感じますし、何らかの折り合いを目指したものも少ないように思われます。

「あちらをたてればこちらがたたず」というのは世の常かもしれませんが、身の周りの環境について意識されるようになった今こそ、「何をたてて何をたてないか」を一つずつはっきりさせていき、人と生き物たちにとってよりよい環境ができればと願うばかりです。

第4章

ホタルを数えてみよう

何匹光っているのか？
——暗い中の光は見つけやすい

ホタルの季節になると、「何万匹もの光の舞い」などと報じられることがあります。その「何万匹」という数字の根拠はどこからくるものでしょうか。実はこういった数字にはカラクリがある場合もあります。本章では、少々難解なところもあるかもしれませんが、そういった「生き物の数」に関わる話を進めていきたいと思います。

樹木のように動かない生き物なら、時間をかけてゆっくり数えることができますが、庭にいるアリの場合はどうでしょうか。巣の外に出ているアリですら、動き回っていたり、巣に出入りしていて、実はなかなか数えにくいものです。人の場合は名前がありますし、名を呼べば返事もしてくれるので簡単です。しかし、人以外の動物は見た目もよく似ていますし、呼んでも返事はしてくれません。近年話題になっているクマやイノシシ、シカなどの大型動物は目につきやすいように思えても、人前に姿を見せなかったり、その行動範囲が広くて動き回っているので、実際に何頭いるのか、実態がなかなかつかめないものです。

その点、ホタルの場合は暗い場所で光ってくれるので、とても見つけやすいのです。また、それほど速くは動きませんので、上手に数えれば、何匹光っているのか、ちゃんと記録できます。ただ、そのようにして数えた光の数とはいったいどういうものでしょうか。それは、その時間にそこで光っていたホタルではありますが、光っていないものもいるので、すべてのホタルの数ではありません。また、その場所でその季節に羽化してきたホタルのすべてでもありません。

ですが、夜の調査ながら、その光は非常に数えやすいので、そういった光の数の記録からどういうことがわかるのか、実はわからないのか、さらに話を進めていきましょう。

今年のホタルの発生は早いの、遅いの？ ——何日も数えてみるとわかる季節消長

図4-1は、滋賀県大津市南郷と京都市清滝でゲンジボタルの発光数を3～4日おきに数えた記録です。成虫の発生がいつごろ始まって、いつごろ成虫の数が最盛になって、いつごろまで見られたのかがわかります。まず一目してわかることは、南郷でのゲンジボタ

ルの成虫の発生は5月下旬に始まっているのに対し、清滝では6月に入ってからでした。また最盛日（最も多くホタルが数えられた日）は、南郷では清滝よりも10日ほど早くなっていました。これは、南郷のような近畿の平野部でのゲンジボタルの成虫の発生は、山間部の清滝よりも早く始まり、ピークに達するのも早いことを示しています。当たり前の話でしょうが、山間部の気温は低いので、成虫の発生が遅かったのです。

一方、清滝では、2015年の成虫の発生は2020年や2023年よりも1週間ほど早かったという記録になっています。これも、年による気温の違いに対応した結果でしょう。ただ、この気温とはいつの気温のことでしょうか。それはサナギの時期の気温ではないかと考えて、サナギ期である4～5月の平均気温とゲンジボタルの成虫の発生最盛日との関係を山間部の清

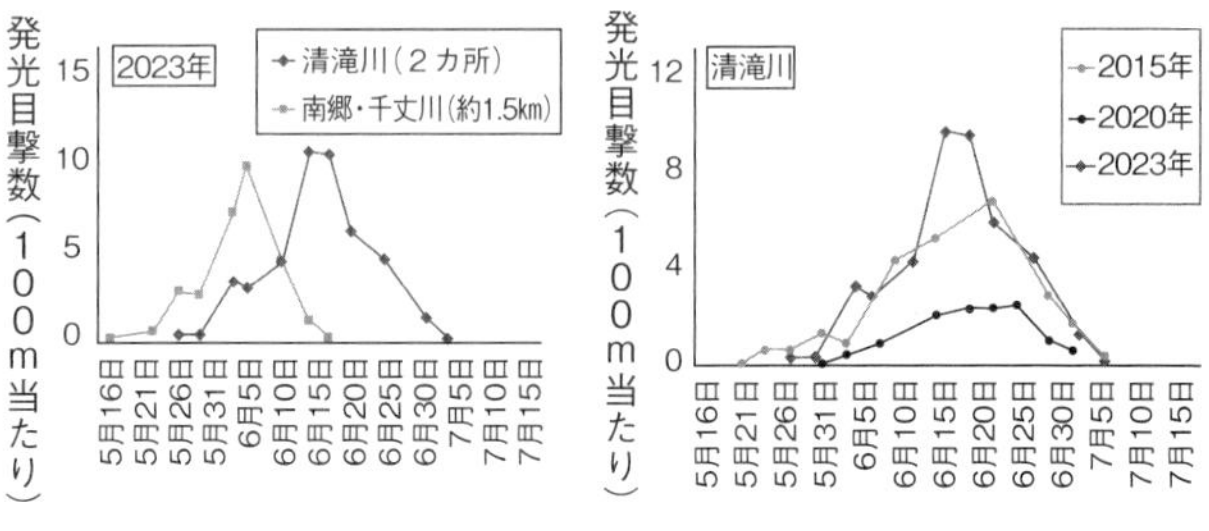

図4-1　ゲンジボタルの成虫の発生消長の場所間比較と年間比較

各地での発見率が異なるため、異なる場所の間では縦軸の値を直接比較することはできない。

滝と平野部の京都市左京区琵琶湖疏水での40年分ほどの資料を比較してみたところ、両方の観察場所で気温が高いほど最盛日が早まる傾向が見られました（**図4-2**）。ただし、発生が早くなったり遅くなったりするのは、それだけではないようです。例えば、清滝での成虫の発生を調べ直してみると、京都では2015年4月中旬にまとまった雨が降っていますが、2022年のまとまった降雨は4月下旬になってからでした。ゲンジボタルの幼虫は雨の夜にサナギになるために川から上陸することを紹介しました。この上陸時期の降雨の状態も、その後の成虫の発生の時期に関係しているようです。

　また、上陸時期に雨がだらだらと降って、毎夜のように幼虫が上陸できる場合と、雨が少なく、降ったときに水中で待っていた幼虫がいっせいに上陸するときでは、成虫の発生の状況も違ってくると考えられます。**図4-3**を見て

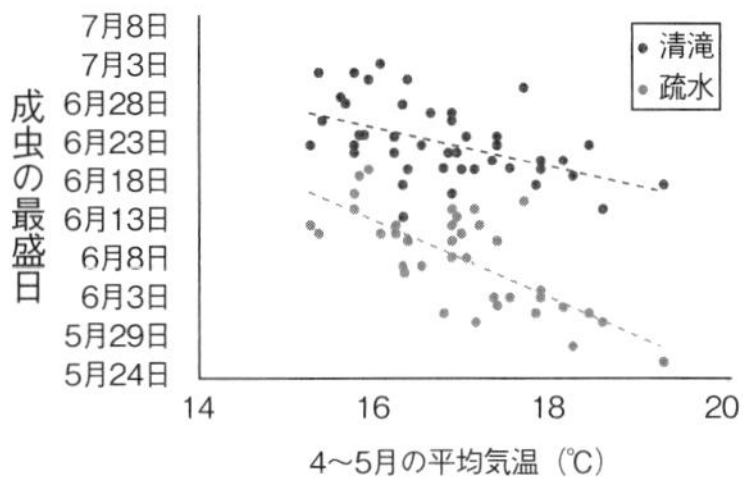

図4-2　4〜5月の気温とゲンジボタルの成虫の最盛日

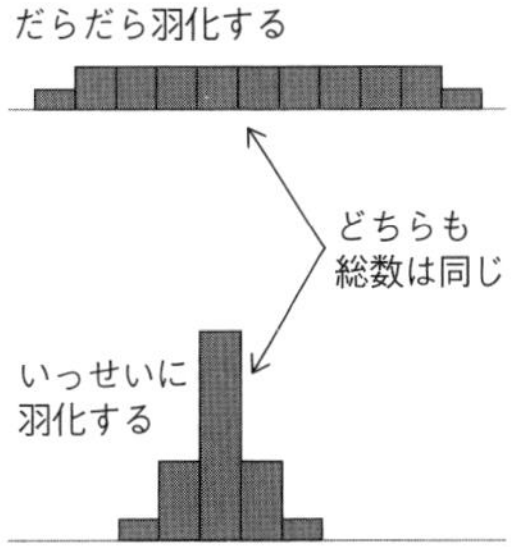

図4-3　成虫の発生パターン

ください。下の図のように成虫がいっせいに発生した場合は、上の図のようにだらだらと発生してきた場合よりも数が多いように感じませんか。でもこの2つの図では、発生した成虫の総数は同じなのです。ホタルが多いかどうかを最盛日の数で比べたりする場合もありますが、どのような数をもとにしたものなのか、気をつけて見ないといけないですね。

今年は多いの、少ないの？
——何年も数えてみるとわかる年次変動

図4-1を今一度見てください。清滝の2023年の線は2020年の線よりもかなり高い値を示しています。つまり、2023年は2020年よりもたくさん発生していたように見えます。

では、2023年の南郷と清滝を比べた場合はどうでしょうか。どちらも同じくらいの数に見えます。きちんと説明していませんでしたが、どの図も縦軸はその日に数えた発光数を100m当たりの値に換算したものです。なので、観察場所による調査範囲の広さは関係ありません。しかし、実はこの2カ所では調査のしかたが違うのです。南郷の場合は川沿いに歩きながら、横に見えるホタルの光を数えました。一方、清滝では橋の上から上流側と下流側に見える発光の数を数えたものです。この場合、遠くの光は樹々の陰になり見逃しやすくなります。つまり、清滝ではホタルの光を見落とす可能性が高く、すなわち発見率が低くなります。後で紹介する〝しっかりした調査〟による数の推定値と比べると、3割くらいしか見つけられていないことになりました。一方、南郷の場合は7〜8割くらいは発見しているようでした。調査法によってホタルの光の発見率が異なるので、同じくらい発生しているように見えても、それは正しい判断ではありません。そのからくりを次に説明しましょう。

目撃数、現存数、発生数のからくり
――見落としがある一方、前日にいたものをまた数えている

ここで、このような発光数の調査（以下、「カウント調査」とします）で得た数と実際のホタルの数などとの関係について整理してみましょう。一般に調査で数えた数を「目撃数」といいます。それに対し、その場に本当にいた個体数は「現存数」といいます。すで

に説明したように、目撃数にはその調査地での調査法による発見率が関係しています。つまり、**式1**ということになります。**図4-1**の場合、目撃数の単位は「匹／100m」ですから、現存数も「匹／100m」と表すことになります。

それから、仮にカウント調査を毎夜行ったとして、そのシーズンを通した目撃数を足し合わせたもの（「積算目撃数」とします）は、どういうものでしょうか（**式2**）。調査が毎夜でなくても、調査と調査の間の日の目撃数は、その前後の2回の調査の値を比例配分して与えることにして、その年の成虫発生期全体の積算目撃数を求めることができます。つまり、**図4-1**の線で囲まれた面積を求めることになります。その単位は、毎日の値を足しているので、「匹・日／100m」となります。

ここで、目撃数や現存数を単純に足し算してよいのか、ということが心配になります。そうなんです。ある夜に数えた目撃数あるいはそれから算出した積算現存数には、その日に羽化してきたものや昨日羽化してきたものが含まれます。昨日生まれたものは、昨日のカウント調査のときにも数えられているでしょうから、重複して数えていることになります。これでは、その調査地で本当に何匹のホタルが羽化してきたのか（この値を「発生数」とします）はわかりません。

ここで突然登場してくるのが、生存日数（平均的に生き残っている日数）です。実際の生存日数の求め方は後の節にまかせるとして、まずは生存日数をどう使うのか、をお話しします。例えば、生存日数が３日だとすると、現存数として３回（３日の調査分）数えられていることになります。だから、積算現存数には各個体が３回重複して数えられているので、**式3**と考えることができるわけです。

話がややこしくなってきたかもしれませんが、知りたいのは発生数です。その発生数はここに示した式から求めることができます。式をいろいろ変換すると、**式4**となって、目撃数から発生数を推定できる可能性が出てきたわけです。そして、問題は生存日数や発見率です。その話はさらにややこしくなりますが、お付き合いください。

式１	**目撃数 ＝ 現存数 × 発見率**
式２	**積算目撃数 ＝ 積算現存数 × 発見率**
式３	**積算現存数 ＝ 発生数 × 生存日数**
式４	**発生数 ＝ 積算現存数 ÷ 生存日数**
	＝（積算目撃数 ÷ 発見率）÷ 生存日数

本格的な調査

——ホタルに印をつけて放して、また捕まえる

ホタルが本当には何匹いるのか、またそのシーズンに何匹生まれてきているのか、それは今紹介したカウント調査ではすぐにはわかりません。まずは、そこにいったい何匹いるのか、つまり現存数を推定する方法を説明します。

簡単な方法として最初に調査対象の動物たちを捕まえて、それらに印をつけて放し、次の調査でまた捕まえて、その中に印のついた個体がどれくらいいるのかを調べます。これを「標識再捕獲法」といいます。その考え方を説明しましょう。考えやすいように、ある池にある種の魚が１００匹いたとします。これは現存数ですね。その数は池干しでもして全部捕まえないとわかりません。しかも、水中は見通しも悪いので目撃情報もあてにはなりません。そこで行うのが、魚を捕まえて印（標識）をつける方法です。

例えば、その池でその魚のうち40匹を捕まえて、それに印をつけたとします。魚の場合、簡単なのは尾ひれなどの一部をちょっと切ることで印とすることができます。それで、その印をつけた魚40匹をその池に戻して、例えば翌日にもう一度魚を捕ります。その２回目

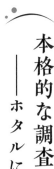

式5　標識率 = 2回目調査で捕まえた魚のうち印がついていた数
÷ 2回目調査で捕った魚の総数

式6　標識率 = 20匹 ÷ 50匹 = 0.4

式7　池の魚の標識率 = 標識して放した魚の数 ÷ 池の中の魚の数

式8　池の中の魚の数 = 標識して放した魚の数 ÷ 池の魚の標識率
= 標識して放した魚の数
÷（2回目調査で捕まえた魚のうち印がついていた数
÷ 2回目調査で捕った魚の総数）

式9　池の中の魚の数 = 40匹 ÷（20匹 ÷ 50匹）= 100匹

の調査で捕った魚が50匹で、そのうち20匹に印がついていたとします。すると、印のついていた割合（標識率）は、**式5**なので、この例の場合は**式6**になります。つまり、2回目の調査で捕った魚の4割に標識がついていたことになります。この標識率は、池全体のものと同じで、標識した魚は40匹放しているので、**式7**と表わすことができます。これらの式を変換すると、**式8**となり、つまりこの例では、**式9**となり、池の中の魚の数は100匹と計算されます。

ただ、この方法には前提があって、調査中に魚が死なないこと、印をつけたことによって捕まりにくくならないこと、ほかに魚の出入りがないこと、などです。実際の自然界ではこのような前提がすべて当てはまることはまずありません。そこで、さらに複雑な考え方を加えて、個体の出入りなどがあっても、この標識再捕獲法の調査結果から現存数などを推定することができるのです。ただし複雑なので、興味のある方は個体群生態学に関する成書を参照してください。ここでは、ゲンジボタルを対象に、実際に野外で標識再捕獲法を試みた事例を紹介しましょう。

夜の大捜査戦
——清滝での標識再捕獲法の実践

清滝（図4-4）での調査は、そこのゲンジボタルを国の天然記念物に指定するための基礎調査として1975年に始まりました。それは、当時私が在籍していた京都大学理学部動物学教室生態学研究室に依頼されたものでした。調査のチーフは当時大学院生だった上級生の堀道雄さんで、彼はハンミョウという昆虫の生活史を研究していて、個体数の調査にも精通していました。堀さんは、清滝のゲンジボタルの調査に際して大胆とも思える計画を立てました。調査の目的は、清滝に何匹のホタルがいるのかを調べることで、調査法は前節で紹介した標

図4-4　清滝の風景

識再捕獲法です。そして、このようなゲンジボタルを対象とした大規模な調査は、類似のものはあるものの、今でもおそらく唯一と言ってよいものです。

その調査のために、清滝のどこで調査するのか、いつからいつまで調査するのか、ゲンジボタルの成虫にどんな印をつけるのか、どれくらいの頻度で調査するのか、どんな道具が必要か、どんなチーム編成が必要か、堀さんは綿密な計画を立てました。夜の川での調査であり、相手は川辺を飛び回るホタルです。そのような状況ではどんな事故が起こるかわかりませんから、周到な準備が必要なのです。

最初の１９７５年に予備的な調査を行い、その経験に基づいて調査に参加するメンバーで必要なものについていろいろ議論しました。その結果、主な装備は、ヘルメットにヘッドライト、股下までの胴長（長靴）、長さ４mほどの継ぎ竿型の捕虫網、捕まえたホタル

捕獲記録　＿＿月＿日＿時＿分〜＿時＿分　　区画＿＿＿

用紙　　　＿＿枚中＿枚目　　記録者＿＿＿＿＿＿

	標識	種類	性別	捕獲時の様子	時刻	場所・備考
1		ゲ へ	♂ ♀	飛岩草広針	:	
2		ゲ へ	♂ ♀	飛岩草広針	:	
3		ゲ へ	♂ ♀	飛岩草広針	:	
4		ゲ へ	♂ ♀	飛岩草広針	:	
5		ゲ へ	♂ ♀	飛岩草広針	:	
6		ゲ へ	♂ ♀	飛岩草広針	:	
7		ゲ へ	♂ ♀	飛岩草広針	:	
8		ゲ へ	♂ ♀	飛岩草広針	:	
9		ゲ へ	♂ ♀	飛岩草広針	:	
10		ゲ へ	♂ ♀	飛岩草広針	:	

カゴNo.＿＿＿

表４-１　調査に用いた記録用紙

引用文献15

を入れておくカゴ、ゲンジボタルの成虫への標識道具、記録用紙（**表4-1**）、調査していることを示す腕章、そして万一の場合の着替えです（**図4-5**）。それらの用具を携えて、ほぼ3日ごとに調査に行くことにしました。この「3日ごとの夜の調査」はハードな日程ながら、結果的には実に的を得たものでした。それはのちに清滝でのゲンジボタルの成虫の生存日数が約3日と推定されたからです。ともかく、計画に従って、毎回数人のチームを組んで、夕食をすませてから夜7時ごろに現地へ出かけたのです。

図4-5　調査風景

股下までの長靴をはき、ヘッドランプをつけたヘルメットをかぶり、捕虫網を持ちながら、調査を行った（1976）。

本格的な調査は1976年に始め、約2kmの調査域を4カ所に区切り、各調査区に2人ずつを配置しました。隊長からの指示は簡単で、「可能な限りホタルの成虫を捕まえて、それらに印をつけて、また放す」というものでした。割り当てられた区画内のすべてのホタルを捕獲しようというのですから、川べりにいるものを捕るために当然川の中にも入っていかなければなりません。高いところを飛んでいるとさすがに捕ることはできないものの、2時間ほどかけて、それぞれの調査区内のかなりのホタルを捕まえました。時には、ホタルを見物に来た人が、ホタルがおらんではないか、誰かが大量に捕まえていると、通報して警官がかけつけることもありました。その際には、清滝の方々とともに警官に説明して、納得していただきました。

　さて、捕まえたホタルに印をつける作業です。野外で簡単に印をつけるために、私たちは速乾性のラッカーを用いました（**図4-6**）。印をつける道具は、いわば針です。これでホタルの翅や胸に点の印をつけるのです。この印にも工夫がこらされました。それは、1匹1匹のホタルを個体識別するために、それぞれに異なった番号をつけたのです。点のような印で番号を、と不思議に思われる方もいるかもしれませんね。そ

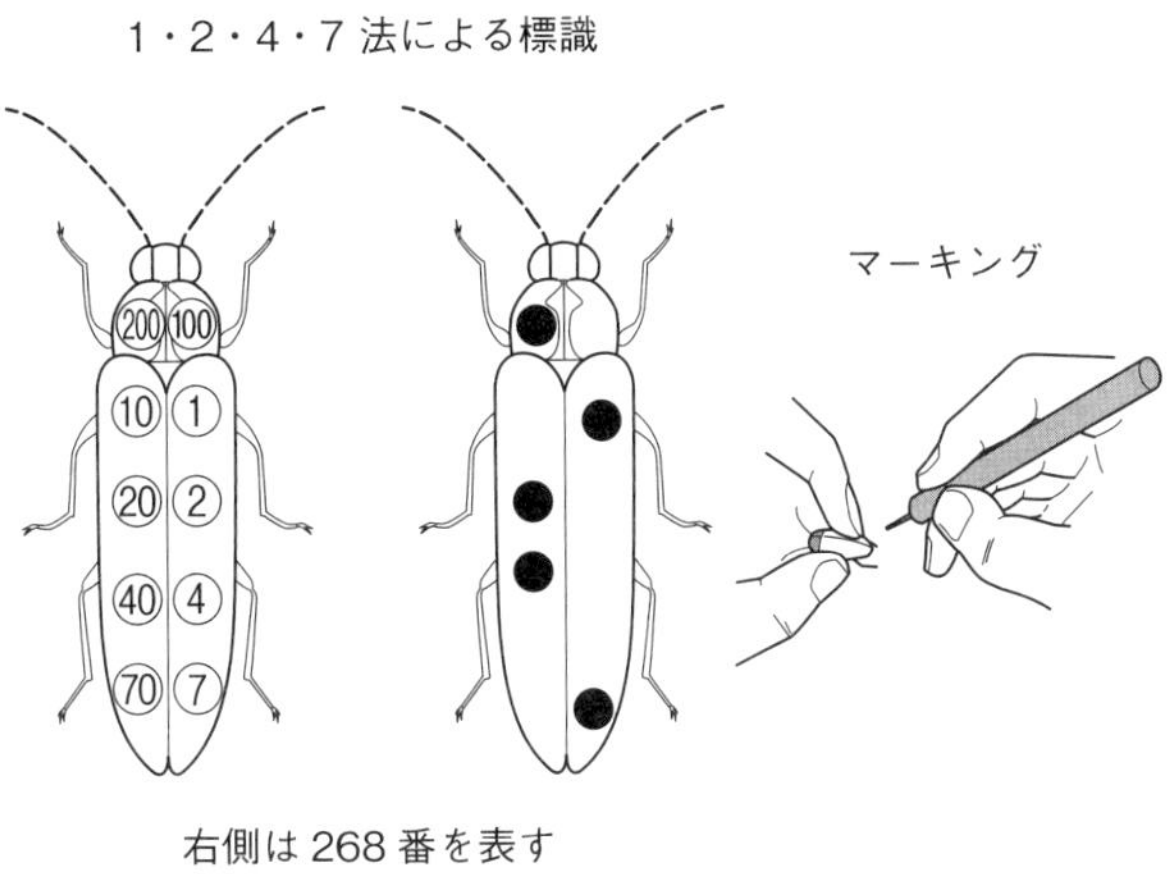

図4-6　マーキング（1・2・4・7法）

引用文献15より作図

れは、ちょっとしたアイデアなのです。例えば片側の翅の上に4カ所、場所を定めておいて、最大2つの点に印をつければ1から9までの番号をつけることができるのです。その4カ所に1・2・4・7法と呼ばれる方法で、1と2に印をつければ3、1と4に印をつければ5、2と4に印をつければ6、というようにして番号とするものです（図4-6）。

ただ、相手は小さなゲンジボタル、そして夜の暗い中での作業です。慣れないうちは、時としてラッカーをつけすぎて、ホタルが動けなくなることもありました。これについては、のちにペンシル型マーカーを用いるようになって、作業がずいぶんと楽になりました。ただし、雨上がりの日の調査の場合、ホタルの体が濡れていたりすると、印がつけにくくなりますので、そういうときはホタルの体を拭いてから印をつけなければなりませんでした。印をつける作業の時、ホタルのオス・メスを確認したうえで、すでに印がついているホタルがいればその番号を記録し、印のなかったものには何色の印を何番から何番につけたのか、間違って弱らせたり殺したりしてしまったホタルは何匹だったのかを記録した後に、印のついたホタルをいっせいに放しました。この作業に1時間以上かかる場合もありました。その後、深夜になって大学へ戻ってから食べる中華料理は最高でした。ちなみに、このように深夜に及ぶ頻繁な調査は、みんなが学生だったからできたのでしょう。

標識再捕獲法からわかったこと
——膨大なデータとの格闘

6月初旬〜7月中旬に、苦労して野外で作業した結果、1976年には2000匹ほどのホタルに印をつけることができました。そして番号のついた個体ごとに、いつどこで印をつけたのか、以後いつどこで再捕獲されたのか、というデータが集まりました。当時は今のような便利なコンピュータはありません。データの整理、集計、計算はすべて手作業でした。大変でしたが、そのデータから推定されたものは十分に満足できるものでした。

計算過程は省きますが、まず算出されたのはゲンジボタルの生存率でした。正しくは生残率です。これは、ある区域内に留まり、生き残った割合です。言い換えると、その区域から出て行ったもの、そして死んでしまったもの以外の個体数の割合です。この生残率はある調査から次の調査の間の値として推定され、1日当たりのものとして計算し直すと、それは成虫の発生期間を通じてほぼ一定でした（**図4-7**）。

季節を通してこれらの値が一定であるということは、一定の割合で死んだり、区域外へ移動していることを示しています。そして、成虫シーズンを通して推定された生残率は、オスで0・74／日、メスで0・84／日でした。つまり、オスでは3日、メスでは4日も経つと、ある日にいたホタルの半分も残っていないことになります。そして、それらの値から推定された平均生存期間はオスでは3・3日、メスでは5・7日でした。これは野外での値ですが、飼育下で知られている生存日数に比べるとずいぶん短く、野外では厳しい環境にさらされていることがわかります。

さらに、ある調査日にいたホタルの数（現存数）が計算されます。ある調査日の現存数とその前の調査との間の生残率から、前回調査のときにいたであろうホタルの数を推定し、それと前回の調査の現存数との差が、前回の調査から新たにその区域に現れた、つまり羽化したホタルの数（「加入数」といいます）として計算されるのです（**図4-8**）。ややこしいですね。

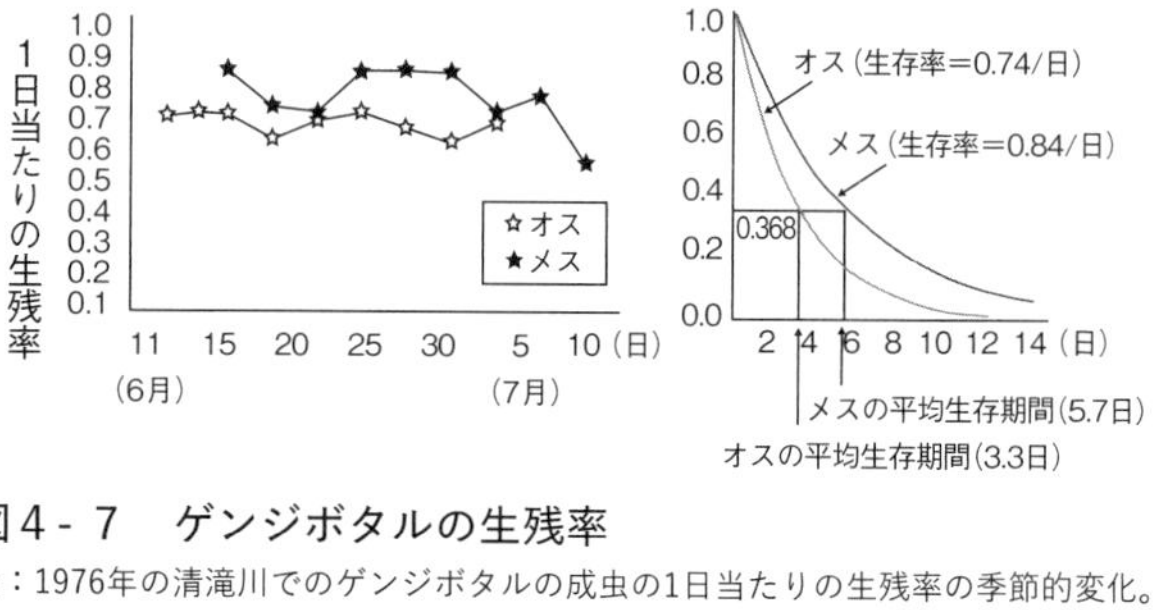

図4-7　ゲンジボタルの生残率

左：1976年の清滝川でのゲンジボタルの成虫の1日当たりの生残率の季節的変化。
右：ゲンジボタルの生残曲線（理論値）。

左：引用文献15、右：引用文献10より作図しかし、結果はクリアなものでした。まず、清滝の調査区間においてゲンジボタルの成虫の数は、オスは6月下旬、メスはそれより1週間ほど遅れて6月下旬〜7月上旬に一番多くなりました。オスとメス、それぞれ一番多いときで数百匹、オスとメスを合わせると、6月下旬に1000匹を超えるホタルがいたと推定されました。そして、羽化してきたホタルの総数は6400匹と推定されました。調査距離で割ると、川の流程10m当たりに30〜40匹の成虫が羽化していたことになりました。ホタルが少ない調査区間もあるので、多い場所でもせいぜい100匹／10mくらいのものでしょう。多いと思われている清滝のホタルですら、この程度の数で、何万匹というホタルはいなかったのです。

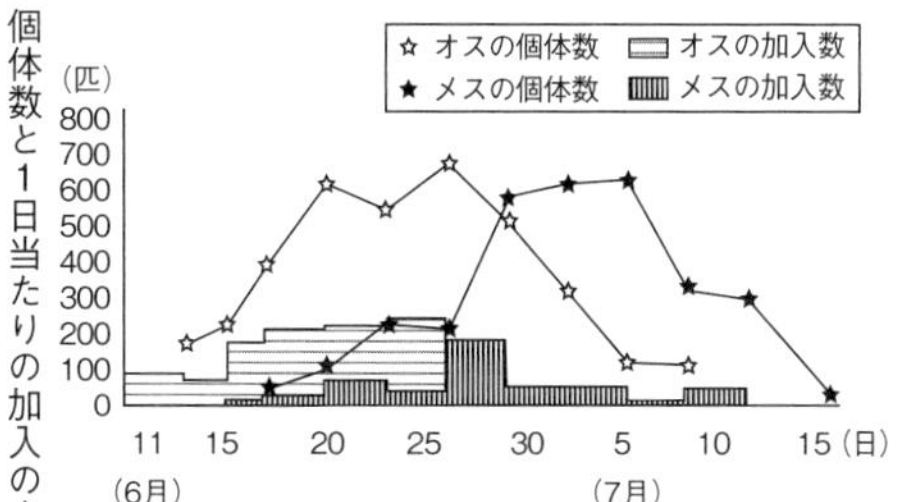

図4-8　清滝川におけるゲンジボタルの成虫の現存数と加入数（羽化数に近い値）の季節的変化

1976年の推定値。

引用文献10より作図

清滝での調査の豪華景品？
——産卵集団を見つける

この調査を始めるころ、ホタルの生活に関わる情報は、神田左京氏の『ホタル』（1936年）、南喜市郎氏の『ホタルの研究』（1961年）によるところがほとんどでした。それらの名著には、ゲンジボタルは川辺のコケに産卵する、と記述されていました。

ところがある夜、私たちの調査が長引いて深夜になってから帰ろうとしていたとき、向かいの川岸の崖に妙に集まっているホタルを見つけました。何だろう？ 深い淵の上の崖なので、注意しながら近づいてみてみると、メスばかりが集まっていたのです。ひょっとして産卵だろうか。そうです、それが集団産卵の発見だったのです。

それから気になって、調査域のさらに上流の、これまで調べていないところへ出かけてみると、同じようにメスだけの集団がいくつか見つかりました（図4-9）。そして、そういう集団ごとに調査メンバーを一人一人残して、その集団がどうなるかを観察したのです。書くのは簡単ですが、真っ暗な川の脇に一人ぽつんと残されるのです。川の水音や風にそよぐ樹木の葉の音など、妙に不安に感じ、怖くなってしまいます。それでも、あたりで光るホタルの舞いがせめてもの安らぎをもたらしてくれました。

さて、そうやって観察していたホタルの集団ではどういうことが起こっていたのでしょうか。場所によっては、メスのホタルがどんどんやってきて、とても大きな集団になることもありました。多い場所では100匹を超えるホタルが川岸の崖に群れていました。そっと近づいてみるとたしかにみんなメスでした。明け方が近づくと、集団からメスたちが三々五々、散っていきました。あるとき、私はそういう大きな集団に出会って、感激しながら夢中で観察を続けていると、明け方近くにほかの調査メンバーがやってきました。どうやら、私が戻ってこないので、心配になって探しに来てくれたようでした。

図4-9　集団産卵しているメス

何匹かのメスには白い点や数字が書かれている（1976）。

集団産卵しているメスたちが放つ光や、そこへ引き寄せられるメスのことはすでに紹介しました。調査を重ねるうちに、このような産卵集団は深夜0時ごろから形成され、午前2~3時に最大になり、明け方にはメスたちは去っていきました。つまり、ゲンジボタルのメスは深夜活動型だったのです。このような発見には感激もありましたが、この集団産卵を見つけてからは、現地での調査は明け方までに延長されてしまいました。

コラム 4-1

オスとメスの数

さて、話を戻しましょう。1976年の清滝でのゲンジボタルの調査結果（**図4-8**）を改めて見てください。現存数で見るとオスとメスの最大の数は同じくらいに見えますが、加入数（羽化数にほぼ等しい）を見てみると、オスの方がずいぶん多いようです。そうなんです。清滝の調査結果では、オス：メスは3：1と、オスがメスの3倍多く羽化していたのです。ただし、オスの生存日数はメスの半分ほどなので、結果として、オスとメスの現存数が同じくらいに見えていたのです。

このゲンジボタルのオスとメスの比率にはいろいろな説があります。オスがメスの数倍以上いるという話もあります。実際、ゲンジボタルを捕ってみると、メスがあまり含まれていないこともあります。これは、例えば夜の9時ごろに飛んでいるホタルばかりを捕獲すると、その時間帯のメスは草陰や樹上でじっとしているので、あまり捕れないからです。

ただ、生物ではオスとメスはほぼ同数という場合が多いので、ゲンジボタルの性比がなぜ偏っているのか、いまだに不思議でなりません。

コラム 4-2

成虫が飛ぶ距離

清滝でのゲンジボタルの標識再捕獲法調査からわかった興味深いことをもう一つ紹介しましょう。それはホタルがどれくらい移動するか、です。標識をつけていると、その個体がどこで放たれて、どこで再び見つかったのかがわかります。調査していると、ゲンジボタルの成虫はどんどん上流へ移動しているようでした。実際、移動したデータを図にすると、ほとんどの移動が上流へ向かっていたことがわかりました（**図4-10**）。また、メスでは最長2・3㎞上流で見つかったこともありました。そして再捕獲のデータから、オスでは平均生存期間3・3日の間に約

165m、メスでは5・7日の間に約400m、上流へ移動していると推定されました。
　このように川に住む昆虫の成虫が上流へ移動することは、トビケラやカゲロウでもよく知られていて、幼虫が増水などによってどうしても下流へ流されるので、移動能力の大きな成虫が上流へ移動して、生息域を維持していると考えられています。

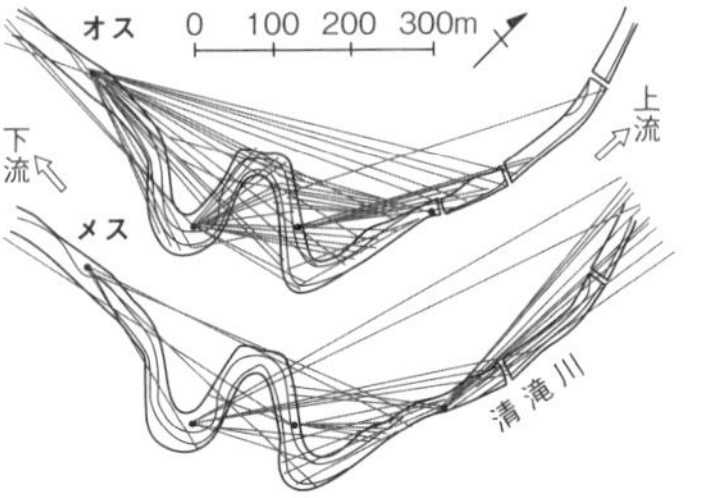

平均寿命：オス3.3日、メス5.7日
生涯移動距離（平均寿命内）：オス165m、メス400m

図4-10　ゲンジボタルの移動図（清滝川、1976年）

上：オスの移動、下：メスの移動。マーキングによる追跡。

引用文献10より作図

目撃数の観察から生存率を推定
——野外での寿命がわかる

清滝での大規模な野外調査には、1年に100人ほどが投入されました。こんな規模の調査はなかなかできるものではありません。では、私たちがもっと手軽に生存日数や現存数を求める方法はないのでしょうか。

私たちができる、最も簡便で一般的な調査法は、カウント調査であることはすでに紹介しました。熱心に数えたこのデータは使えないものでしょうか。いえいえ、何とかなるのです。これも多少難しい話になるかもしれませんが、その方法を紹介しましょう。

例として琵琶湖疏水での1984年のゲンジボタルのカウント調査の結果を示しました（**図4-11**）。左の図は縦軸を実数（値のまま）で示しています。この年は、6月5日ごろからホタルが見られ、6月中旬に最盛となり、以後、減少しました。ここでは、少しひねくれているかもしれませんが、最盛期以降の減少していく様子を見ていきます。ゲンジボタルの成虫は、清滝での調査結果でお話ししたように、現存数の最盛期以降、羽化してくるものがぐっと減ると考えられます。したがって、最盛期以降の減少は、そこでの自然死亡と考えられます。**図4-11**左図を見ると、最盛期以降、ホタルの発

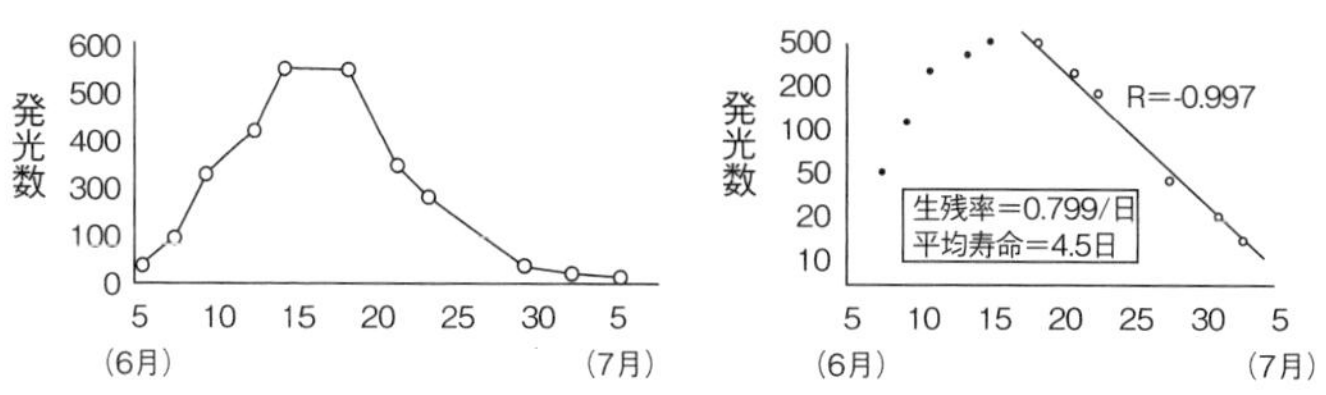

図4-11　京都市琵琶湖疏水での観察結果（1984年）

左図では縦軸が実数、右図では縦軸が対数で表示されている。

引用文献15より作図

光数が一定の割合で減っているように見えます。こういう減り方を指数的減少といいます。そこで、縦軸を対数に変換してみます。今ではエクセルなどの図描画の際に簡単に対数変換してくれます。それが**図4-11**の右図です。すると、最盛期以降の観察点（白丸）が直線状に並んでいるように見えます。指数曲線は軸を対数変換すると直線になる性質をもっています。直線なら簡単に回帰線を計算することができます。これも、今ならエクセルで簡単に計算・描画してくれます。

このようにして、減少していくときの回帰直線が得られると、その直線の傾きから、減少する割合、すなわち生残率を求めることができるのです。その求めた生残率は1日当たり0.799、約8割のホタルが日々生き残っていたのです。そして、平均生存期間は4.5日と計算されました。ちょっと心配になりませんか？　記録したのは発光目撃数であって、現存数ではないですよね。でも、大丈夫です。同じ人が調査しているなら、発見率もほぼ一定なので、発光目撃数で計算しても、現存数で計算しても、結果は変わりません。ただ、カウント調査ではオス・メスは区別していませんので、オスとメスを合わせた値になります。この結果を清滝での結果と比べるとどうでしょうか。琵琶湖疏水の方が少し長生きのような気もします。これはひょっとすると、サクラなどの街路樹の管理がしっかりしていて、後で紹介する捕食者のクモなどが少ないからかもしれません。

生存日数がわかったならば、あとは発見率です。さすがに琵琶湖疏水で標識再捕獲法を行うのは大変ですが、通常のカウントの方法に対して、同じ区間を何度かとてもゆっくり歩いて数えた場合と比べてみるのも一手です。その方法で比べた結果、琵琶湖疏水での発見率は8割程度となりました。こうなれば、羽化総数が推定できます。この年の琵琶湖疏水での羽化総数は3200匹、10m当たりでは25匹ほどと推定されました。清滝よりもやや少ないようですが、10m当たりの匹数の桁が同じなので、むしろそれほど変わらないと考えるべきでしょう。

いずれにしても、カウント調査のような簡便な調査法でも、ある程度の推定ができることがおわかりいただけたと思います。

カメラ撮影で数えられるか？——人の目の方がすごいようだ

人の目で行うカウント法は、簡便で、ホタルを眺めながらでもできるので、とてもよい方法だと思います。ただ、広い場所やいろんな場所で調べようとすると大変です。そこで誰でも思いつくのが、カメラ撮影です。カメラは設置しておいて、タイマーをかけ、バッテリーさえあれば同じ場所を一定の時間ごとにずっと撮影してくれます。暗い場所でもうまく撮影できるレンズもありますので、機材的には問題ないと思われます。

でも結局、撮影をした場合、一定時間の露光（シャッターをあけておく）をしていますので、光の量はわかっても、1匹のホタルが何回光ったのか、またそれが飛んでいたのか、止まっていたのかもわかりづらいのです。相対的にどこに多いという評価はできても、それ以上の個体数や密度の推定には使えないようです。つまり、人力の方が案外確かで多くの情報が得られるのです。

ちなみに**図4-12**は、清滝で止まっているホタルのうち、樹木にいるものの割合を調べたものです。さらに、止まっているホタルの数を観察した後で、捕まえてオス・メスを区別しました。する

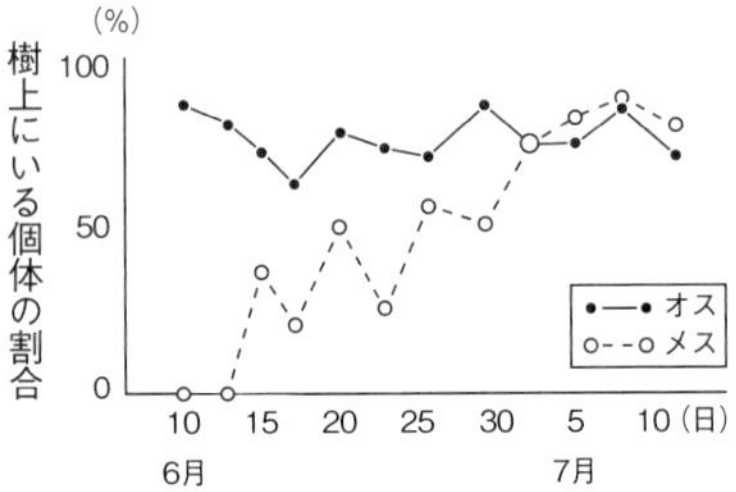

図4-12　止まっている個体のうち樹上にいるものの割合の変化（清滝川、1976年）

その他の個体は草の上または岩の上に止まっている。
引用文献15より作図

と、オスでは草や地面よりも、樹木に止まっているものが季節を通して多いのですが、メスでは季節とともに、樹木に止まっているものが増えていきます。これは、産卵のところでも少し触れたように、季節が進めば産卵するメスが増え、産卵を終えたものが樹上に休みにいくからと考えられます。このように、樹木を利用するホタルが増えていくのはどの発生地でも見られていて、特に成虫発生期の終わりごろになると、止まっているホタルのほとんどは樹上にいます。

成虫の天敵
——クモの巣で光るホタルに寄せられる個体も

清滝では、ゲンジボタルのオスの成虫の生残率は0・74／日と紹介しました。毎日、約4分の1の個体が死んでいったり、調査域から出て行っていることになります。ただ、オスの移動距離は3日程度で約165mと推定されていたので、そう多くの個体が調査域から出たとは思えません。では、死亡要因は何なのでしょうか。実はよくわからないのです。むろん風雨にたたかれて川に流されてしまうこともあるでしょう。でも、案外に多いのは、捕食されて死ぬことかもしれません。

ホタルの成虫の捕食者は、カエル類、コウモリ類、クモ類などいろいろなものが報告されています。ホタル類は光っているので、捕食者に見つかりやすいのかもしれませんが、独特のにおいのまずそうな液を体の側面から出します。私も、体の側面から出るくさい液がどういう効果をもっているのか、アマガエルにホタルの成虫を与えて調べましたが、気にせずに食べていました。ただし、地上性のカエル類は樹上にいるホタルや飛んでいるホタルは捕ることができないでしょう。コウモリ類については、清滝には少なかったのでよくわかりませんでした。残るのはクモ類です。

ゲンジボタルの特にオスは樹木の間や草の付近をふらふらと飛ぶため、そういうところにクモの巣があれば、かかりやすいことでしょう。またゲンジボタルの成虫は、ほかの個体の光に寄っていくことがあります。野外では、クモの巣にかかって、クモに糸でぐるぐる巻きにされているホタルを時々見かけることがあります。その状態でホタルが生きていれば弱いながら発光します。その光にほかのホタルが寄せられるのです。それは光っているのがメスだと間違ったオスなのかもしれません。そうなると、一つのクモの巣に2匹、3匹とホタルが捕まることになります。

産卵中のメスもクモに襲われます。クモには、巣をつくらない徘徊性のハシリグモの仲間がいます。このハシリグモが産卵集団のところにやってきて、産卵中のメスをくわえてもっていくのを見たことがあります。ただ、1回に1匹ずつしかもっていけませんので、そうたくさんのメスは食べられてはいないようです。

ヘイケボタルの成虫やヒメボタルの成虫についても、カエル類が食べると報告されています。

ところで、ホタルの敵として「人」を忘れてはならないかもしれません。今までたくさんいたホタルが急にいなくなった、という話を聞きます。そのような話は、ずっと昔からあったようです。保科英人氏が明治・大正時代に遡って古い新聞記事を調べた著作には、明治末期になると、日本各地のホタルの多産地からその姿が消えたと書かれています。どうも、料亭でホタルを楽しんだり、都市に近いほかの場所をホタルの名所化しようと、有名な発生地のホタルが大量に捕り続けられてしまったようです。そのために、そこのホタルが減ってしまったのではないか、というのです。これには、当時発達し始めた鉄道網などの交通機関により、短時間で大量のものが運べるようになったことが大きく関係しているると保科氏は考えています。人々によるホタルの乱獲が問題になっていた滋賀県守山市では、ホタルを保全するために天然記念物への指定に踏み切り、１９２４（大正13）年に指定を受けたと南喜市郎氏は記録しています。むろん、昭和時代に入ってからの農薬の影響を否定するものではありませんが、それよりもはるか昔から人の影響があったことは否めないようです。

幼虫を1匹ずつ飼うとなかなか死なないが・・・

ゲンジボタルの幼虫を実験のために、たくさん飼育していたことがあります。大量のホタルの幼虫を一緒に飼育していると、たくさん死んでしまうことは多くの人が経験していました。しかし、私の飼育実験では幼虫を1匹ずつていねいに飼育していたためか、ほとんど死にませんでした。多くの幼虫が死ぬのは、おそらく一つの水槽などにたくさんの幼虫を入れすぎていたことに原因があるのでしょう。幼虫同士の共食いはしないようですが、狭いところにたくさんの幼虫がいると脱皮に失敗する幼虫がいるのをよく見かけます。そういったことも原因となっているのかもしれません。

ところで、ゲンジボタルの孵化幼虫は魚に食べられないこと、幼虫は全般に餌不足に強いことをすでにお話ししました。そこで念のために、水中生活をしているゲンジボタルの幼虫がほかの捕食者に食べられないのかも試してみました。空腹状態のヤゴ（コオニヤンマなどトンボの幼虫）やマゴタロウムシ（ヘビトンボの幼虫）をシャーレに入れてゲンジボタルの幼虫をそばに落としてみると、もぞもぞ動くゲンジボタルの幼虫に気がついて飛びつくものの、すぐ口から出してしまいました。ヤゴは動いているものに気づいて飛びかかるようで、シャーレに入れたゲンジボタルの幼虫がじっとしている間はその存在に気がつかないようです。やがてゲンジボタルの幼虫がもぞもぞと動き始めると、さっとそちらへ向いて下唇を伸ばして幼虫を捕らえようとします。しかし、捕らえてもすぐにゲンジボタルの幼虫を放してしまいます。何度もゲンジボタルの幼虫を捕まえようとしたヤゴですが、そのうち見向きもしなくなりました。マゴタロウムシも体の周囲で動くものは何でも食らいつきますが、ゲンジボタルの幼虫はすぐに放してしまい、そのうち頭を振り回して自身の体にまとわりついているゲンジボタルの幼虫を振り落とそうとまでしました。

このような結果を見ると、川に住む主だった捕食者はゲンジボタルの幼虫を食べない、と言ってよさそうです。ホタルの幼虫の病気についての情報はほとんどないのですが、餌不足にも強い、捕食者に狙われないとすると、自然の川でいったいどんな要因があってゲンジボタルの幼虫が減っていくのか、ますますわからなくなります。

ホタルの生息状況の量的評価の試み
——目撃数からでも年次変動がわかる

ここまで、ゲンジボタルの成虫の数の数え方やその数量の推定など、ややこしい話をしてきました。ここでも数の話をしますが、それはホタルが増えたり減ったりする様を調べるためです。まずは**図4-13**を見てください。これは、カウント法で調べたゲンジボタルの成虫の発光目撃数の日々の値をシーズン通して積算したものを調査距離（100m当たり）の値に変換したもの（相対発生量とします）です。この値は真の羽化量でないことはすでに述べた通りです。少し強引ですが、毎年の生残率がそれほど大きく変動しないとすると、この変動は野外での数の変動をほぼ示していることになります。

清滝では1975年から調べていますので、間がときどき抜けていますが、半世紀の記録になります。この清滝での相対発生量の変動はかなり大きく、400匹／100m以上観察されたとき（1980年など）からほぼゼロになったとき（1992年）もありました。その値は、なんと40倍近くの違いになりました。

　1990年代以降は、同じ京都市内の鴨川や高野川の調査地点の記録も加えました。それぞれ、清滝と同じくらい発生しているようにも見えますが、見えている範囲が違うので、きちんとは比較できません。しかし、よく見てください。これら3カ所の調査地の年変動は比較的よく似ています。それぞれ3～5日ごとの、多少粗い観察ですが、各年の増減の傾向がよく似ているのには驚きました。これは何を示しているのでしょうか。

　鴨川の調査地は清滝の約10㎞東にあり、高野川の調査地はさらに6㎞東に離れています。また、清滝川、鴨川、高野川は最終的には下流で桂川に合流しますが、調査地点ではそれぞれ別の河川とみなすことができます。ですから、このように同じような変動をしているということは、それぞれの調査地でそれぞれに何かが起こっているというよりは京都市内の広いエリアで起こっている同じ現象が、各調査地での数の増減に影響

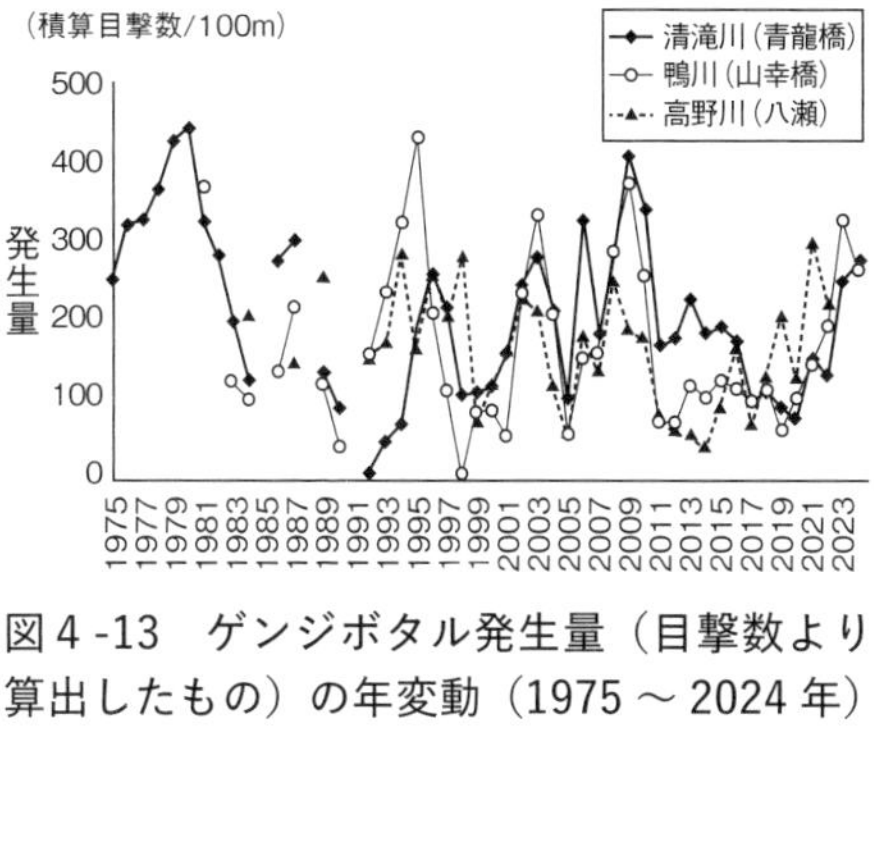

図4 -13　ゲンジボタル発生量（目撃数より算出したもの）の年変動（1975 ～ 2024 年）

していると考える方が妥当でしょう。

　そこで広域に影響を与える影響として降雨を考えました。細かい分析法は省きますが、ホタルの成虫の増え方・減り方と降雨の状態を比較すると、どうも7月下旬と9月の雨の量がこの変動に関係しているようでした。つまり、7月下旬や9月に大雨が降ると、翌年の成虫が減り、雨の少ない年が続くと成虫が増えていく、ということがわかりました。関西地方では、7月の大雨は梅雨明けの豪雨であり、9月の大雨は台風によるものです。そして7月はゲンジボタルの卵が孵化して孵化幼虫が川の生活に移ったころで、9月には川の中の幼虫は3～4齢に成長しているでしょうが、まだまだ小さいころです。そういった時期に大雨が降って、川が大きく増水すると、川の中の幼虫は流されてしまうのでしょう。捕食もされない、餌不足にも強い幼虫が減ってしまうのは、どうやらこういった降雨による増水の影響と考えることができそうです。

第5章

ホタルと人の共存に向けて

人の利のためにつくった水辺に住む生き物たち

私たちの暮らしの近くにある水の流れは、川と思っている方も多いかもしれませんが、案外に人工的につくられた用水路であることが多いものです。水路には、田んぼへ水を引く農業用水路だけではなく、人々の日々の暮らしのために集落内を通るようにつくられたもの、あるいは舟運《しゅううん》（舟を使って物を運ぶこと）のためにつくられたものもあります。さらに、単に池だと思っているところも、人がつくった溜池《ためいけ》であることがほとんどです。このような人工的な水域にも、さまざまな生き物が住みついています。

水路には、メダカやフナ、オイカワ、ドジョウといった魚たち、いろいろなトンボ類、そしてホタルたち。溜池には、タモロコやタナゴ類などの魚、そしてそこにもいろいろなトンボ類がいます。もちろん田んぼにも、ゲンゴロウ類やガムシ類、タイコウチやミズカマキリ、アカトンボ類などの水生昆虫、場所によってはホウネンエビなども見られます。これらの水域は身近なところにあり、人工的につくられたとはいえ、多様な生き物の暮らしの場となっていて、私たちの目を楽しませてくれます。

家や田んぼ周りの水路はつくったまま放置されていたわけではありませんでした。水道が整備されるまで人々の生活に使われた水路では、そこで水を汲み、飲み水、風呂の水、洗いものなどさまざまなことに利用されていました。その水路は定期的に藻刈りや泥上げなどの清掃が行われました。そこで出た藻や泥土は、化学肥料がない時代には貴重な資源で、肥料として利用されていました。

また、集落の中の水路には石で足場をつくった洗い場（**図5-1**）があり、そこは近所の人たちのコミュニケーションの場でもありました。同時に、共有の場所だったため、何を洗っているのか、どのように洗っているのか、近所の人たちに筒抜けでした。洗い場は水路に沿っていくつもつくられていましたから、水の利用のしかたについてそれぞれの地域の中で細かな約束ごとがありました。家の周囲の生活用水路は、そのような人の社会の中で厳しく管理され、守られてきたのです。

このように人が利用し管理し続けることは、水路の形態なり水の状態を一定に保つということになります。ですが、別の見方をすると、泥がたまったりして、その形状を変えようとする水の流れの自然の力に対抗

図5-1　多くの洗い場が設けられていた水路（滋賀県能登川町、1994年）
残念ながら、現在この水路は蓋がされてしまっている。

していたことになり、その地形やそこに住む生き物たちに対して撹乱（ある意味で破壊行為）を加え続けていたことを意味します。そこには人為的な撹乱に対して影響を受けにくい生き物たち、あるいは人為的な撹乱がある方が生活上有利な生き物たちが生活してきたと考える方が妥当なのです。例えば、少々干上がっても生き延びられる生き物、除去されてもすぐに成長できる水草、撹乱に弱い生き物たちがいないからこそ生活できる生き物、周りからすぐに移入してくる生き物、などです。人が人の利のためにつくり維持管理してきた水系には、自然の意のままに生き物たちが住み着いたのではなく、意図せずに人が生き物に対してふるいをかけていたのです。そして、そのような人工的な場所で生活しやすい生き物たちが幅をきかせていたのでしょう。

残念ながら、どのような種類が人による撹乱に耐えることができたのか、あるいは人為的な撹乱がそれぞれの種類の生活にどのように有利、不利に働いていたのか、その人為的撹乱とそこに生息していた生き物の関係については未解決の点が多いのです。

文化昆虫、ホタルの生活の場

このような人によってつくられた水域に住みついた生き物の一つがホタルでした。そして、ホタルは明らかに人里の生き物でした。人が住み着く前はそれほど多い生き物ではなかったという勝手な想像は、あながちはずれていないでしょう。

古来より人は家の周囲に用水を引き、周囲の土地に水を張って水田をつくり、そこに導水するための水路を開き、溜池をつくってきました。そのようにして人の生活の場の周りに「水」のある空間をどんどんつくっていったのです。このような人造の水系は、特に日本人が湿田を中心とする農耕を盛んに行うようになってから急速に広がったことでしょう。このような集落や水田の周りの水系が、たまたまホタルの生活にとって大変都合のよい場所だったようです。とりわけ集落内の水路（**図5-1**）は、洗いものをするのに適度な流速に保たれていて、その流れの速さは砂礫底《されきてい》を維持するのにちょうどよい速さで、ゲンジボタルの幼虫にとっては快適な場だったのです。また、当時の集落内の水路の多くは石積みの護岸なので、護岸の隙間でサナギになることもできました。そして、当時は灯りもあまりなく、適度な暗さがあって、成虫にとっても快適だったはずです。もちろんそこはカワニナの生活にとっても都合のよい場所であったことは言うまでもありません。例えば、水路の洗い場で米や野菜など洗うと、そのくずが水路に流れ、それはカワニナも含めた水路内の生き物の餌になっていました。

ところで、人がこれらの水系に手を加える以前、ホタルはどこに住んでいたのでしょうか。あちらこちらにたくさんいたのでしょうか。たしかに1940～1950年ごろにはホタルはどこにでもたくさんいたようですが、果たしてそれは「自然」の姿だったのでしょうか。ホタルについては、その答えは否と言うべきです。つまり、人が小さな水路を引き、人が生活して水路に若干の廃棄物（野菜くずやご飯の残りかす）を流すことによって、ホタルが住む場所も、そしてホタルの数も、人手が加わる以前よりは増えただろうと想像されるからです。そこは人が洗いものをするのに適した速さの流れがあり、また適度な水量が保たれていました。それがまさにホタルやカワニナの生活場所としてもちょうどよかったのです。

ところが、ホタルたちが住んでいた水系の機能が水道や下水道にとって代わると、洗い場を設けるために浅くつくっていた水路は深く掘られるか、さもなくば蓋をされてしまいました。池も川もその周囲は、水域の最大幅と住宅や道のための陸域の最大面積を確保するために垂直に近い土手となり、川岸の植物はもちろん、根は水底にあって葉は水面上に出ているような植物、さらに水草すら生えることができないようなコンクリート製の底や岸になってしまったのです。川岸や水中の植物はゲンゴロウやトンボ、ホタル、そしてフナやドジョウをはじめとするさまざまな小動物の住み家でした。その住み家を奪われた生き物たちが繁栄し続けるすべはありません。しかし、だからといって利便性を向上させてきた人の所作を考えなしに非難するわけにはいきません。

コラム 5-1

実はヘイケボタルがあぶない

人による水利用の様式は、上水道が完備されてから一変し、集落内の生活用水路はほぼ使われなくなりました。それと同時に、20世紀半ばから急速に進んだ圃場整備により田んぼも大きく変わったのです。圃場整備は機械耕作の効率向上のため1枚の田んぼの面積を大きくし（大区画化）、効率的な給水システムを新設し、さらに田んぼから水を抜きやすくするために排水路を深掘りし、非灌漑期《ひかんがいき》の乾田（排水がよいように田の地面下を改造し、水を抜いたら畑作が可能な乾いた地面ができる田）化を進めました（用排分離）。労力を抑えながらも米を効率的に生産するための改変です。人の側の発展には必要なものなのでしょう。

しかし、生き物の側からすると、それは大きなダメージとなりました。例えば、田んぼの新たな給水システムでは水道に類した施設がつけられ、農家はそれぞれのスケジュールに沿って水の管理ができるようになりました。かつて水路を利用していたときには、田んぼに水を入れる順番が決まっていたり、上の方で水を取り入れすぎると下の方の田んぼに入れる水が不足していたことに比べると、水の管理はとても楽になったことでしょう。でも、田んぼへ水を入れる用水路は姿を消しました。また、大区画化を行った田んぼではトラクターを使った作業をしやすくなりましたが、一方で小さな田んぼをまとめて大きな田んぼにしたために、小さな田んぼの周りの畔《あぜ》を取り去りました。これによって、田んぼ周りの畔などで餌をとっていたカエルなどの生き物はとても迷惑したはずです。さらに、乾田化した田んぼでは水を抜いて稲刈りをするときには地面が乾いていてトラクターで作業がしやすくなりました。このことにより、米作りをしていない冬の時期には田んぼが相当に乾いてしまい、田んぼの土の中で越冬していた生き物たちは困ったはずです。これら以外にも、いろいろな影響がありました。

このような改変の中、最も影響を受けたホタルは、実はヘイケボタルのようです。ヘイケボタルはかつてはどこの田んぼにもたくさん飛んでいましたが、圃場整備が進むにつれて、その姿をほとんど見なくなりました。圃場整備の何が原因なのかはっきりしていませんが、冬場の乾田もヘイケボタルの幼虫の越冬に大きな影響を及ぼしたことでしょう。

ヘイケボタルは田んぼにたくさん住んでいましたが、田んぼをつくる前はどこにいたのでしょうか。確証はありませんが、おそらく河川の周りにあった湿地だろうと考えられます。しかし、そこは宅地や工場地、あるいは田んぼにつくり替えられました。ただ、田んぼがヘイケボタルの生活に都合がよかったので、そこで繁栄していたのでしょう。つまり、もともとの生息場所のほとんどを人が奪ってしまい、代わりに人がつくった広大な田んぼで繁栄したものの、そこが圃場整備されたために住みづらくなり、命運が尽きようとしているように見えるのです。ヘイケボタルは人の振る舞いに一喜一憂していることでしょう。

実は、ヘイケボタルの生活様式にはよくわかっていないことがいくつもあります。例えば、ヘイケボタルの成虫の発生は5～8月ごろとゲンジボタルに比べればずいぶん長いのです。一方で、一夜の活動時間は8～9時ごろと短いのです。ゲンジボタルの場合は、メスもオスも飛ぶときにずっと光っているのでかなりの距離を追うことができるのですが、ヘイケボタルの場合は飛んでいるとき2、3回光ると光を消してしまい、どこへ行ったかわからなくなります。これらはなぜなのでしょうか。ヘイケボタルのメスが田んぼの畔で産卵しているのを見たことがありますが、そういう場所で産卵するのが常なのでしょうか。田んぼにはカワニナはあまりいないのに、ヘイケボタルの幼虫は田んぼで何を食べているのでしょうか。さらには、今は田んぼで見ることができるヘイケボタルですが、本来の生息場所はどういう場所なのでしょうか。このようなことを含めて、生息場所が減っているヘイケボタルについて早く調査しなければならないようです。

「象徴的環境財」そして「文化昆虫」ホタル

人がつくり出した「水空間」に依存あるいは適応してきた生き物は、ホタルやカワニナ以外にも数多くいます。メダカ、ボテ（タナゴ類）、トンボ類など、身近な生き物として知られている多くのものがそうでしょう。これらの生き物は、人の暮らしの場の近くに住むがゆえに親しまれ、ホタルをはじめ、水辺での作業や遊びと一体になって人の心に残り、その人自身、そして地域の文化を支えてきたのです。こういった生き物たちは身近な自然環境の象徴として取り上げられ、保護活動などの対象として挙げられていることは「ふるさと　いきものの里100選」を分析して紹介した通りです（第3章参照）。

では、人にとってホタルとはどんな存在なのか、改めて考えてみましょう。ホタルは、平安の昔から貴族の歌よみの素材や風流を解するホタル狩りの対象として、江戸時代には町人の自然を求める素材として、また近代に入っては、まちづくりや水辺環境の再生の象徴として、日本人の生活風景の中で常に象徴的な価値を賦与《ふよ》されやすい生き物、つまり「象徴的環境財」と捉えることができます（**図5-2**）。

明治時代以降のホタルに関わる人の側の動向の歴史について、滋賀県大津市の石山近辺のホタルを例に紹介しておきましょう。石山近辺は、平安時代から貴族のホタル狩りの名所として定着していましたが、大正時代にはほとんどいなかったようです。石山がホタルの名所としての地位を失うに従って、新興の名所として知られるようになったのが滋賀県守山市です。守山では明治時代後半になると、ホタルの捕獲を専門にする業者が現われ、明治時代末には守山ホタルが皇室に献上され、大正時代後半には、町の観光事業の一環としてホタルデーが定められ、京阪神からホタル見物の専用列車まで出されるようになりました。そして大正13（1924）年には、ホタルとして初めて、守山が国の史跡名勝天然記念物の指定地とされました。ただしこの指定は、守山においてもホタルが急速に減少したことが理由でした。

図5-2　宇治川の蛍狩り
画像提供：国際日本文化研究センター

昭和初期から各地のホタルも減少し始めました。その理由は、今となっては確実なことはわかりませんが、水質や環境の変化というよりは、商業的なものも含めた乱獲によるのかもしれません。しかし現金収入が少なかった時代、子供たちがホタルをつかんで小遣いかせぎをしていたことを誰も非難はできないでしょう。

そして第二次世界大戦を経て、守山では工場の取水による地下水や湧き水の減少、水質汚濁などが問題となってきました。そしてホタルの姿がなくなった守山は、昭和35（1960）年に史跡名勝天然記念物の指定地が解除されてしまいました。

昭和後半の1970年代になって、琵琶湖の環境汚染（富栄養化）問題が社会的にクローズアップされるにつれ、水環境への人々の関心が高まりました。また一方で、町の特色を生かしたまちづくりが課題となり、守山市では行政と住民が連携をとりながらホタル保護運動が展開され始めました。昭和54（1979）年には「ホタルが飛び交うまち守山」をテーマにまちづくり事業が開始され、ホタル公園やほたるの森資料館などもつくられて、再びホタルへの関心も高まり、平成時代、令和時代へと至っています。

この例からも「ホタル」という言葉に対する社会的感覚が時代とともに大きく変化したことがわかります。その背景として、水質汚濁などの環境問題があったことは確かで、さらに行政や住民による環境改善あるいは新しいまちづくりなどが盛んに行われてきたことも関係しているようです。しかしそのような社会の動きの中で、なぜホタルが取り上げられるのでしょうか。日常生活の中で人々がどのようにホタルを認識し、どのような関わりをもってきたのでしょうか。

子供時代にホタルのいることが当たり前だった人たちは、ホタルがいなくなるということは想像もしなかったでしょう。そのような人たちにとっては、今、ホタルが減ったことが気になるようです。ある年配の方が、「昔は6~7月ごろになると家の中までホタルが飛んできたけど、今は家の前の田んぼの水路もコンクリートになって、まったくホタルを見なくなった」と言っていました。ゲンジボタルとヘイケボタルの区別はされてはいませんが、ホタルが川にも田んぼにもいて、また家の中に飛び込んでくるほど人々の生活の身近にいた生き物であったことがわかります。

そのホタルは、ただ見るだけの存在ではありませんでした。それを捕まえることは子供たちの大きな楽しみだったのです。ホタル狩りにまつわる道具は、それぞれの時代や地域の特色があって、生活文化の一端を思わせる興味深いものでした。このようなホタル狩りに使われていた小道具を見てみると、いかに身の周りの品々をうまく工夫をして使っていたかがよくわかります。水田農業が主な生活の手段であった時代、田んぼに水路があり、そこにホタルがいたので、水田耕作の余りの品々を使ってホタルを捕獲していました。これは、「ホタル文化」と言えるものでしょう。

ホタル狩りに使う道具は、網が一般的でない時代、菜種油をとった後の「ナタネがら」（**図5-3**）、あるいはそれをほうきのように束ねた「ナタネほうき」を使うことが多く、次いでホウキ、杉の枝、笹などをホタル狩りに使っていたそうです。このようなホタルつかみの道具には気候条件に関係した地域差が見られ、水田耕作の裏作に菜種をつくっていた地域ではナタネがら、冬に雪が多く裏作が行われない地域ではホウキや杉の枝、笹が多く使われていたようです。もっとも、現代の子供たちはほとんどが「網」あるいは「手」を使っており、残念ながらナタネがらや杉の枝によるホタル狩りの文化はほとんど継承されていません。

図5-3　ナタネがらでホタルを追う子供たち（昭和初期、滋賀県守山市内）
写真提供：守山市ほたるの森資料館

捕まえたホタルを入れる道具にもさまざまな工夫がありました。ビンやカンにガーゼを張った入れ物がよく使われていましたが、青ネギ、カヤ袋、手製の麦わらカゴも使われていました。麦わらカゴは、麦わらをねじれた四角錘に編み上げ、持ち手をつけたものです（**図5-4**）。また、変わったホタルカゴとしては丸大根のカゴもありました。これは畑で大きく堅くなりすぎた丸大根を、川の水に数日つけておくと繊維部分だけが丸くカゴのように残るので、それに手をつけてホタルカゴにしたものだそうです。

ホタル文化に関してもっと重要なことは、ホタル狩りなどの情景とともに、子供時代の身の周りの人々の思い出が心に深く残っていることでしょう。最も多い思い出は、ホタル狩りに一緒に出かけた友達や兄弟姉妹のことのようですが、ホタルカゴをつくってくれた親や祖父母なども含め、それらの人々の風貌、服装、仕草、しゃべり方などが、その場の音やにおい、暗がりなどの風景とともに一連の動画として個々の人の心に残っていたのです。つまり、そこはホタルを通した人と人のつながりの場だったのです。

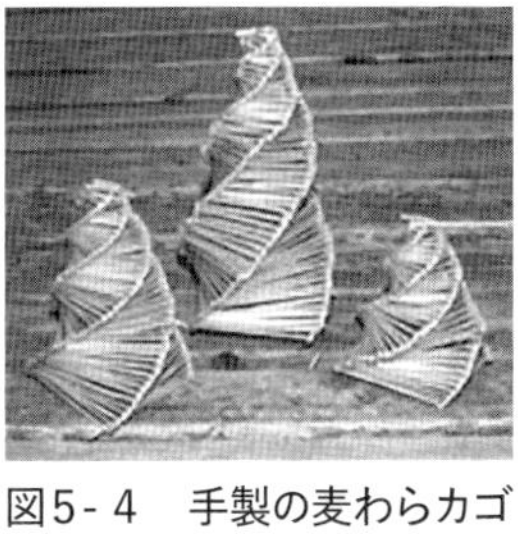

図5-4　手製の麦わらカゴ

さらに紹介しておきたいのは、ホタルがもたらした思いもよらない効用についてです。1990年ごろ、滋賀県下で多くの方々に協力してもらってホタルの調査をしました。そのときの印象として残ったのは、ホタルを見つけたことに加えて、「久しぶりに家族で会話がはずんだ」「小学生の息子と腕を組んだ」「幼い孫と手をつないだ」「一緒に歌を歌った」といった感想でした。つまり、ホタルは今でも人と人をつなぐ、季節の風物詩なのです。

このようにホタルは本来、日常の生活の中に存在する身近な生き物であり、ホタルの存在によって、家族のつながり、人と人のつながりが生まれ、あるいは強まり、ホタルを介した場を背景とした記憶、伝承となって人の心に残り、それが人の生活感、自然感、そして文化を育んできたのです。そのようなことから、それらの想いを人に伝える場をつくるのにもホタルは大変ふさわしい生き物と言えるでしょう。

「文化昆虫」の筆頭たるホタルの存在、あるいはその再来や復活というのは、経済的なことを横に置いておいても、きっと人にとって利になるのでしょう。

人にも必要な川辺の空間

さまざまな水辺空間の整備が計画される中で、大人はたいてい、かつての子供時代の川辺での郷愁《きょうしゅう》を心に描いていると聞きます。そこは遊べる空間で、泳いだり、魚を捕まえたり、ホタルを追った場所であったのでしょう。今の子供たちもそういうことがしてみたいと思っているかもしれません。しかし現実には、そのような「場所」がなかなかないようです。泳いだり魚を捕まえることができる水辺であっても、現在は少しでも危険な要素がある場所への立ち入りを禁止するような指導をしています。かつての郷愁を心に描きながらも、大人たちは子供には安全に過ごしてほしいという思いから、子供たちに危ないと言い聞かせてしまうのです。

川は流れの速いところもあれば深みもあり、たしかに危険なところです。しかし、そういった変化があるからこそさまざまな生き物がいて、川遊びもいっそう楽しくなるのです。それは川の中だけでありません。河原も、人が踏み込めないような場所もあってこそ、いっそうの面白味があります。人は冒険が好きだからです。子供も同じです。ただし、冒険には危険がつきまといます。逆に危険のない冒険は楽しくないでしょう。小さな危険に数多く出会わないと、大きな危険には対処できないし、その予測もできません。ススキの葉はするどいノコギリであること、刈られたヨシの茎は五寸クギのごとくであること、河原は石がゴロゴロしていて平らでないこと、その石は下手に乗っかればゴロンと動くこと、水の中の石の上はヌルヌルしていて滑りやすいこと、流れがあると思うように歩けないこと、砂や泥の川底はズルズル沈んでいくこと、浅いところや深いところがあること、そして川の水は冷たいことなどなど、挙げればきりがありません。言い方は悪いかもしれませんが、小さな傷を負ってでも体で覚えるべきことも時には必要なのかもしれません。

もちろん怪我をしに行けと言っているわけではありません。子供たちが外で遊ばないのは、そんなやんちゃができる場所がないことも理由ではないでしょうか。外で遊んでいてもおもしろくないのでしょう。また、小さなやんちゃの経験がないから、大きなやんちゃもできないのかもしれません。林も原っぱも河原も手近なところにはありません。中でも、河原はかつて家のすぐ近くにある最も手近な存在でしたが、今やそこには子供が降りられないような高い護岸をつくり、垂直に近いまま深い水底に達する岸辺にしてしまいました。「水に入れるかな」と子供が足を試しに踏み入れてみるような場所はないのです。

川岸はホタルやトンボや小鳥だけのものではありません。子供のための川作りこそ大切だと私は思います。しかも、そこに生き物がいなければおもしろくありません。石を返せば釣り餌となる虫がいる、大きな石の下には魚もいる、何かを捕まえるための枝や丈夫な茎もあると、さらにいろんな工夫ができて、砂を掘ったり、石を積んで捕った獲物を入れておく小さな池もつくれます。大勢いれば石を並べて向こう岸まで飛び石の橋だってつくれます。川や河原は子供なりの知恵と創造の場だと私は思います。

やっぱり追いかけて捕りたい、手にとってみたい、ホタル

ホタルの話からずれてしまったので、戻りましょう。いろいろな身近な生き物の一つとしてホタルもいればよいのです。それが私の信条です。どうせホタルがいるのなら、いっぱい捕まえられるほどいてほしいと願います。しかし、現実にはそれほどたくさんいないので、保護条例などをつくってホタルが捕まえられないように規制をかける必要も出てくるのです。

この規制には2つの異なった思惑が含まれているようです。一つの思惑は、他所の人たちがホタルを持って行ってしまうのが困るという立場です。地元の人は一般に人数も少なく、毎日のように見れるので、捕って帰るにしてもその数は知れているでしょう。ところがちょっと名の知れた場所では、各地から相当な数の人が見物に来ます。これらの人がたとえ少しずつ捕りたいといっても、そんなにホタルはいるものではありません。実際にどれほどの数のホタルがいるかについては、第4章を読み返してみてください。ただ、そこのホタルはいったい誰のホタルなのでしょうか。これは難しい問題です。自由に住んでい

る生き物に対して勝手に所有権を主張するのもおかしな話だからです。しかも、ゲンジボタルの住む川は国、国土交通省の所有物のごときになっています。それはともかく、他所の人が地元の人のことを考えずに、そして断わりもなしに何かをするのは一般に許されないことです。もう一つの思惑は生き物の愛護精神からくるものでしょう。これも難しい問題で、人の側のエゴで残したい、残したくない生き物を選択している面があるからです。

それぞれの地域でホタルの保護条例などを制定するに至ったきっかけはさまざまでしょう。しかし、その条例などを制定したことによって人をホタルから遠ざけてしまっていることも事実です。ただ眺めるだけの存在でよいのでしょうか。特に規制がなくても、今やホタルを捕ること自体はばかられるようなご時勢です。これはホタルに限りません。野山で虫とり網を持っているだけでも白い目で見られがちです。たしかに捕まえられた生き物はかわいそうです。ホタルだって、カブトムシだって、セミもバッタも魚も、捕らえられたら必死に逃げようともがきます。でも、逃げようとするものを逃げられてなるものかと押さえ込む人は異常なのでしょうか。そのそばで腕にたかったヤブカは何のためらいもなくぺしゃんこにしています。保護策はたしかにホタル、ホタルと大勢の人が押し寄せるからしかたないのでしょう。でも、「昔のように子供たちに自由に捕らせることができたら」

と望む声があることをぜひ頭に入れておきたいところです。神秘的なホタルであるからこそ、ホタルの光が熱くないこと、独特のにおいがすること、脅かすと光を消したり妙に光ったりすること、手の温もりでも長く暖めると死んでしまうこと、上手に飼っても長生きしないこと、死んでしまうと光れないこと、などなど。このようなホタルの知られざる特徴を今の子供たちにぜひ体験してほしいものです。そのためのホタルの復活は望むところです。もう一つ大切なのは、ホタルが捕まえられるように川に近づくことができることです。急な高い護岸で川との間が仕切られていては駄目です。フーっと目の前にホタルが飛んできて、手を伸ばせば葉っぱの上のホタルに届くような風景。とはいえ、ゲンジボタルの幼虫が襲えないところにカワニナがいるように、人の手の届かない、あるいは手が出せない場所があるのが理想です。それは「ごそわら（草や背の低い樹木が覆った茂み）」でも、向こう岸でもよいと思います。ホタルといじわるな捕食者「人」との共存ができるようにしたいものです。

ホタルに関わるさまざまな活動

ホタルに関わる研究や活動に関する交流を行う団体として、全国ホタル研究会があります。そこには、各地で活動している団体会員として30以上が登録されています。以前、ホタルの保護などの活動を行っている団体についてインターネットで調べたことがあります。ネット情報でわかるだけで、北から南まで各都道府県にあり、その数があまりに多くて驚きました。それほどに人気のある生き物なのだと、改めて感じた次第でした。

京都市を中心に京都ほたるネットワークが結成されていて、京都市の繁華街を流れる人工河川の高瀬川をはじめ、市界隈においてホタルの保護などに関わっている15もの団体が参加しています。それらの団体では、ホタルの成虫の発光数の調査や、保護活動としてゲンジボタルの成虫発生期間中の見回り、生息場所の河川清掃、地域の環境保全活動を実施しているところが多くありました。あるいは、交流活動として報告会・研究会を開催したり、ホタルがいる別のところに視察へ行ったりしています。

全国各地の活動の中でユニークなものとして、ホタルの成虫の発生期間中は街灯にカバーをつけて周囲が明るくならないようにしたり、一部の街灯を消灯したり、あるいは一定期間の車の通行止め、そして少し離れた場所に駐車場を整備してそこから小型バスで発生地まで送迎するパーク&ライドという制度を設けているところもあります。このような策のためには、地元の方々はもちろん、関係する行政の協力や理解が必要であり、日頃からの緊密な連携が必要です。また、団体や行政が地域のホタル発生地を紹介したホタルマップを作成しているところも多くあります。

小学校や中学校、高校において、ホタルの飼育観察、ホタル発生地の調査研究や河川清掃などの活動をしているところも多くあります。中でも印象に残っているのは、富山県高岡市立中田中学校です。早くからホタルの飼育観察、地域でのガイドツアーなどの活動を行い、その活動が認められ、1976年に中学生、高校生を対象にした歴史と伝統のある日本最高峰の科学コンクールにおいて日本学生科学賞（内閣総理大臣賞）を受賞しています。

滋賀県守山市立明富中学校の生徒さんは1999年に市内のホタル発生状況を調査しました。その結果は、ある意味で不思議なものでした。市北部には水田地帯が広がっていて水路も多くありますが、そこではホタルの姿は見られず、むしろJR守山駅に近い市街地にホタルが多く見られたというものでした（**図5-5**）。中学生たちは、誰でも疑問に思う農薬の使用状況や水質を調べましたが、それには問題はなく、いろいろ調べたすえに得た結論は大変考えさせられるものでした。それは、ホタルは冬季に水がなくなる水田地帯にはおらず、年中水が流れている水系にいたというものです。冬に水田地帯に水がなくなるのは、先に少し触れた圃場整備と関係していて、年中水路へ取水して流していた権利（慣行水利権といいます）をとりやめて、農繁期（米作りの期間）のみ水路へ水を供給するようにしたからでした。まさに水との付き合い方を考えさせられるものでした。

　静岡県沼津市立第三中学校の生徒さんは、さまざまな光色と照度におけるホタルの発光活動について調べ、自然条件下では照度0・15ルクス以下で活動し、白色・緑色・青色の1ルクスの灯りではほとんどの個体が活動しなかったのに対し、橙色や赤色の場合は活動することを確かめました。また、熊本県立天草高等学校の学生さんは、天草地

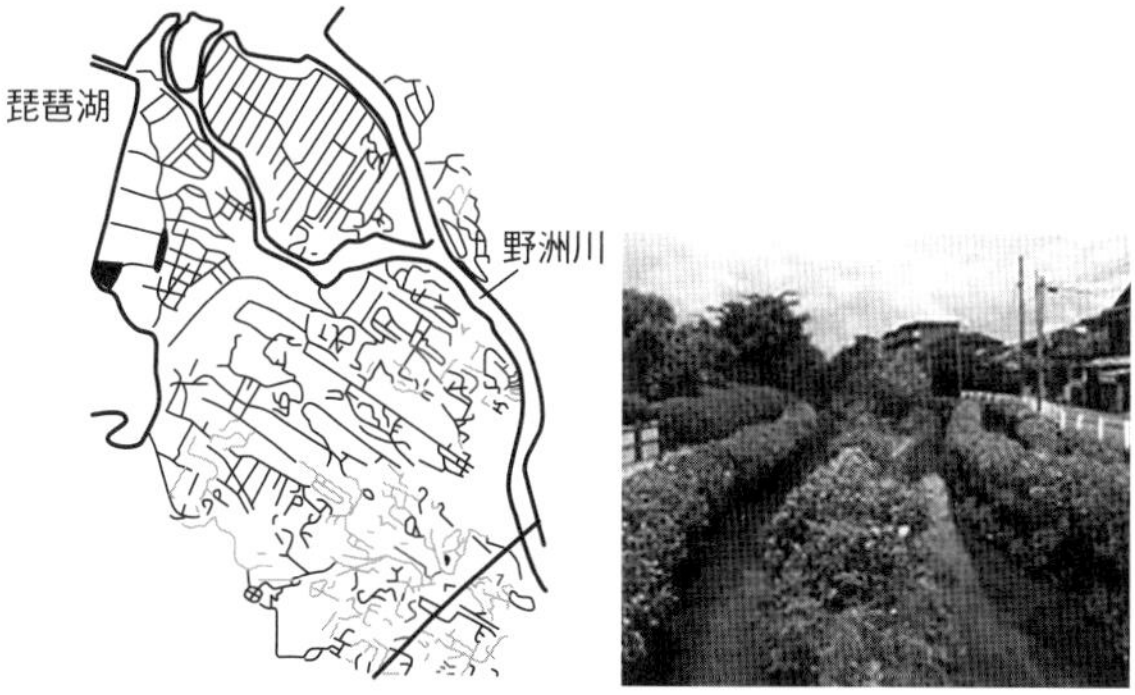

図5 - 5　滋賀県守山市立明富中学校の調査結果と市街地の発生地（1999年）

左：黒の線はホタルが見られなかった川や水路、灰色の線はホタルが多かった水域を示している。
右：調査地（守山市三津川）。市街地を流れる川、しかし「常水」。
引用文献14より作図・一部改変

域でゲンジボタルの発光周期を調べ、ホタルの移入の形跡がないにもかかわらず、発光周期が2秒型（西日本型）と4秒型（東日本型）の中間と思われる3秒型のものが多くいることを確かめ、また1秒程度とさらに発光周期の短いものもいることを確認しました。このような、地元ならではの地道な調査研究は大変重要なものです。

ホタルに関する活動を支えるものとして、博物館などの施設の存在はありがたいものです。発光生物の研究者である故・羽根田弥太氏、ホタルの研究者である故・大場信義氏がおられた神奈川県の横須賀市自然・人文博物館は有名な施設です。ほかにも、滋賀県の守山市ほたるの森資料館、徳島県の美郷ほたる館、山口県の豊田ホタルの里ミュージアム、福岡県の北九州市ほたる館、沖縄県の久米島ホタル館などがよく知られています。

一方で、ホタル発生地においてホタル祭りを催す地域も多くあります。祭りを開くほどに優雅なホタルの光の舞いが見られるとはうらやましい限りです。しかし中には、イベントのためにホタルを放しているところもあると聞きます。これにはいささか疑問を感じざるを得ません。

ホタルの放流は、ホタル祭りに限らず、地域のホタルを増やしたい、あるいは定着させたいなど、さまざまな状況の中、かなり昔から行われてきたものです。場合によっては、放流が環境教育の一環と報じられることもあります。しかし現在は、ホタルも含めたいろいろな生き物において、同じ種であっても各地域の集団の間で遺伝的な地域差があることが明らかになっており、また外来種の放流に対する課題もあって、「放流」に対して考え直さざるを得ない時代になっていると思います。

そのような時代の流れの中、全国ホタル研究会では２００７年に「ホタル類等、生物集団の新規・追加移植および環境改変に関する指針」を発表しました。いろいろな生き物の中でもかなり早い時期のものでした。その背景には、ホタル類における遺伝子の組成に地域差があることが明らかになり、一方で西日本型のゲンジボタルを東日本へ放したり、本来ゲンジボタルが生息していない地域に放したり、環境が整っていないのに放流したりと、言い方は悪いですが、ホタルの舞いを楽しみたいがために放しているとしか考えざるを得ない事例が目に付くようになってきていたことがありました。この指針では、ホタル類について基本的に放流は行わないこと、放流する場合は環境が整っていて、その環境に見合った量とすること、さらには放流するホタルはごく近隣の、できれば同じ水系のものを用いることなどが提言されています。

「人―水―生き物」共同体の再現へ

　ホタルは身近な生き物で、人がつくり出した場に生活する「人里昆虫」であること、そして人の心に残る「文化昆虫」であることを繰り返し述べてきました。幸いホタルの幼虫が水の中に住んでいるので、ホタルを通して「水」に対する意識が喚起されてきたことも重要なことでしょう。ホタルに気づいて、それから改めて川や水辺を見て、想いを新たにした人も多いかもしれません。ホタルはそういったきっかけを与えてくれる貴重な生き物でもあります。「貴重な」というのは珍しいから、少ないからという意味ではありません。こういった関わりを及ぼす生き物として貴重な存在という意味なのです。

　人は自らのエゴで「川」の姿を変え、維持してきました。その変えられた川にホタルも住んでいました。幸い、昔の改変や維持のしかたはホタルにとって好都合な条件をつくり出していたのでしょう。しかしその後、人のエゴの実現のしかたが変わり、ホタルたちは住みづらくなりました。またこれからも人のエゴで川を、そして水の利用のしかたを変えていこうとしています。どう変えていくつもりなのか、それをホタルは問うているようです。

現実の姿とは無関係に、ホタルは「きれいな川」のイメージと結びついています。ホタルを一つの目標として川の再改変をする場合も少なくありません。しかし、何のために川をきれいにするのでしょうか。自分の家の玄関口をきれいにするようなものだ、というのが最も納得しやすい答えだと思います。自分の周りに汚いものがあるのが気に入らないという、まさに環境権の問題なのかもしれません。

ただし、「きれいに」というのもあくまで人のエゴです。「きれい」っていったいどのようなことなのでしょうか。この一見簡単な言葉が、実はやっかいな表現なのです。その言葉は、個々の美観や自然観に基づくものであり、それぞれの個人に特有の歴史的背景を反映して、それぞれに異なった感覚をもっているからです。規則正しく並んだ石畳がよいと思う人、可憐な草花がよいと思う人、それも色とりどりの花を咲かせるものがよいと思う人、その地に育っていた地元の花がよいと思う人、ホタルがよいと思う人、魚がよいと思う人、鳥がよいと思う人、などといったように人の考えはさまざまです。

このような思惑の違いによって、川に対する人の行いも変わってきます。多くの場合で共通して行われていることがゴミ取りですが、それをゴミと思うかどうかがまた問題になるのです。空き缶ばかりでなく、川岸に生える草までゴミだと思う人もいることでしょう。

空き缶だってゴミとは言いきれない場合があることは前に述べました。さらに、生き物のことまで気にするなら、「きれい」という感覚はいっそう幅が広がり、時には収拾不能にもなりかねません。それは人の認識に幅がある以上に、ホタルやほかの生き物の認識のしかたが違っているからです。

一方で、「きれいに」すべき川とその対象から外れている川とを差別するようになっているのではないでしょうか。対象外の川とは下水道などを指しています。近年の傾向としては、前者は「きれいに」、後者には蓋を、という姿勢がうかがえます。上水道の管の中だけでなく、下水道の管の中にも大量の水がたくわえられ、その分いわゆる川として地表を流れる水が減ります。どちらも水系で、かつては両者が一体となって、人は意図せずにさまざまな生き物を支え、それらの生き物と一体となった人の文化が育まれてきました。いや、「両者が一体となって」と言いましたが、実は厳密に差別していたという方が正しいでしょう。シモのもの（排泄物など）は公共の表流水には流さなかったからです。公共の表流水に流してよいもの、やってよいこと、が結果としてさまざまな生き物を支えてきたのです。そして、そこで育まれた文化、あるいは「人－水－生き物」の共同体意識の中から「ホタル」が生き物の代表として「人」に選び出されたのでしょう。

その「人ー水ー生き物」共同体として存続できたところは、人口の少ない地域でした。人口の集中した場所では、使用後の水と生き物の共同体が成立しなかったからです。だからこそ、下水道の整備が進められましたが、その整備によって個人個人に課せられていた規律のたがが外されてしまいました。上水道の供給によって身近な流れの水を使わなくなり、そして見なくなりました。その結果、個人個人の水・生き物との共同体意識も薄れがちになっているのでしょう。だからこそ、「生き物」から「水」を見直そうという気運が高まっているのだと思います。

それにしてもなぜ人は自然環境を必要としているのでしょうか？　それは他人がいないと自分がどういう存在なのかわからないように、ほかの生き物がいないと人という生き物がどういうものか判断できないからだと思います。「人の振り見て我が振り直せ」のごとしです。ほかを少数しか知らないと一面的な判断しかできませんが、たくさん知っていれば多面的な評価ができるはずです。そのとき、ホタルは多数ある「ほか」の第一候補と言ってよいでしょう。そして、ホタルを足がかりに水環境について多面的な話し合いの場がたくさんもてれば、ホタルもにっこりしてくれるに違いないでしょう。

25) 遊磨正秀．生田和正：ホタルとサケ－とりもどす自然のシンボル．岩波書店．東京（2000）
26) Yuma M. Hori M.：*Japanese Journal of Entomology*．58（4）．863-870（1990）
27) Lewis S：ホタルの不思議な世界（大場裕一 監訳）．エクスナレッジ．東京（2018）

引用文献

1) Itagaki H：*Venus*. 21（1）．41-50（1960）
2) 大場信義：ゲンジボタル．文一総合出版．東京（1988）
3) 可児藤吉：可児藤吉全集．思索社．東京（1978）
4) 環境省：全国水生生物調査のページ（https://water-pub.env.go.jp/water-pub/mizu-site/mizu/suisei/about/way/text1a.html）
5) 神田左京：ホタル－復刻版－．サイエンティスト社．東京（1981）
6) 京都ほたるネットワーク：京都のホタル まちなかをとぶ．京都ほたるネットワーク．京都（2021）
7) 滋賀県琵琶湖研究所：びわ湖の底生動物－水辺の生きものたち－I. 貝類編．滋賀県琵琶湖研究所．大津（1991）
8) Harvey EN：*Bioluminescence*. Academic Press, New York（1952）
9) Hess WN：*Biological Bulletin*．38（2）．39-76（1920）
10) 堀 道雄．遊磨正秀．上田哲行ら：インセクタリウム．15（6）．4-11（1978）
11) 三石暉弥：ゲンジボタル 水辺からのメッセージ．信濃毎日新聞社．長野（1990）
12) 南 喜市郎：ホタルの研究 －復刻－．サイエンティスト社．東京（1983）
13) 森下郁子：生物モニタリングの考え方～指標生物学～．山海堂．東京（1986）
14) 守山市立明富中学校科学部ほか：全国ホタル研究会誌．33．1-4（2000）
15) 遊磨正秀：ホタルの水、人の水．新評論．東京（1993）
16) 遊磨正秀：応用生態工学．4（1）．59-63（2001）
17) 遊磨正秀．生田和正：ホタルとサケ－とりもどす自然のシンボル．岩波書店．東京（2000）
18) 遊磨正秀．小野健吉：横須賀市博物館研究報告．33．1-11（1985）
19) Lloyd JE：アニマ．7（6）．25-34（1979）

参考文献

1) 近江谷克裕．三谷恭雄：SUPERサイエンス 生物発光の謎を解く．シーアンドアール研究所．新潟（2021）
2) 大場信義：ホタルのコミュニケーション．東海大学出版会．神奈川（1986）
3) 大場信義：ゲンジボタル．文一総合出版．東京（1988）
4) 大場裕一：ホタルの光は．なぞだらけ．くもん出版．東京（2013）
5) 嘉田由紀子．遊磨正秀：水辺遊びの生態学－琵琶湖地域の三世代の語りから．農山漁村文化協会．東京（2000）
6) 神田左京：ホタル－復刻版－．サイエンティスト社．東京（1981）
7) Sawada N. Fuke Y：*Invertebrate Systematics*．36（12）．1139-1177（2022）
8) 鳥越皓之 編：環境問題の社会理論．御茶の水書房．東京（1989）
9) 鳥越皓之．嘉田由紀子 編：水と人の環境史－琵琶湖報告書－．御茶の水書房．東京（1984）
10) Nishino M．Watanabe NC：*Advances in Ecological Research*．31．151–180（2000）
11) 古川 彰．大西行雄 編：環境イメージ論．弘文堂．東京（1992）
12) 堀 道雄．遊磨正秀．上田哲行ら：インセクタリウム．15（6）．4-11（1978）
13) 水と文化研究会 編：みんなでホタルダス．新曜社．東京（2000）
14) 三石暉弥：ゲンジボタル 水辺からのメッセージ．信濃毎日新聞社．長野（1990）
15) 南 喜市郎：ホタルの研究 －復刻－．サイエンティスト社．東京（1983）
16) 矢島 稔．荻野 昭：ホタル．偕成社．東京（1980）
17) Yuma M：*Japanese Journal of Entomology*．52．615-629（1984）
18) Yuma M：*Physiology and Ecology Japan*．23．45-78（1986）
19) 遊磨正秀：遺伝．41（3）．48-52（1987）
20) 遊磨正秀：ホタルの水、人の水．新評論．東京（1993）
21) 遊磨正秀：応用生態工学．4（1）．59-63（2001）
22) 遊磨正秀：生物多様性科学のすすめ（大串隆之 編）．158-177．丸善出版．東京（2003）
23) 遊磨正秀：トンボと自然観（上田哲行 編）．377-407．京都大学学術出版会．京都（2004）
24) 遊磨正秀：里山学講義（村澤真保呂．牛尾洋也．宮浦富保 編）．188-204．晃洋書房．京都（2015）

著者

遊磨正秀（ゆうま・まさひで）

龍谷大学名誉教授、全国ホタル研究会会長

1954年山口県生まれ、兵庫県育ち。1976年京都大学理学部（動物学専攻）卒業、大学院理学研究科修士課程および博士後期課程（動物学専攻）を経て、1984年理学博士（京都大学）。滋賀県立琵琶湖博物館開設準備室、京都大学生態学研究センター助教授、龍谷大学理工学部（現 先端理工学部）教授を経て、2022年より同大学名誉教授。専門は、動物生態学、陸水文化論。主にゲンジボタルや、琵琶湖、ロシア・バイカル湖、アフリカ・マラウィ湖やタンガニイカ湖の魚類・貝類などの水生生物の生態を調査してきた。近年は、ホタルをはじめとする身近な生き物と人の各々の環境について想いをめぐらす機会が多い。主な著書に『ホタルの水、人の水』（新評論）、『ホタルとサケ－とりもどす自然のシンボル』（岩波書店、共著）、『里山学のすすめ』（昭和堂、分担執筆）、『里山学のまなざし』（同、分担執筆）など。

じつは身近なホタルのはなし

Midori Shobo Co.,Ltd

2025年4月10日　第1刷発行

著　者……遊磨正秀
発行者……森田浩平
発行所……株式会社 緑書房
〒103-0004
東京都中央区東日本橋3丁目4番14号
TEL　03-6833-0560
https://www.midorishobo.co.jp

編　集……石井秀昌、池田俊之
カバーデザイン……泉沢弘介
イラスト……真興社
組　版……ライラック
印刷所……シナノグラフィックス

ISBN978-4-86811-024-8　Printed in Japan